注册 商标

膏粱酒

Gaoliangjiu

南昌酒厂出品

南昌酒厂七十年代出品

BRAND名牌志
VOL.30

《陈年白酒收藏投资指南》姊妹卷

中国地方名酒

收藏投资指南

42种地方名牌　400余瓶最具收藏价值的好酒

曾宇◎著

江西科学技术出版社

作者序

"老酒，是带有愉悦的陈味、附着历史记忆、有真实年份纪录、具备投资属性的一种不可再生的文化资源。"——2016 年 12 月，在全国尚未对老酒定义进行规范时，我大胆提出了个人对老酒定义的见解。

自 2000 年踏入老酒收藏之门，我便执迷于这种愉悦的陈味、沉浸在历史的记忆，并受益于老酒的投资价值之中。对我来说，收藏老酒，更是对历史与往事的一种响应。将收藏过程的心得、收获、感悟，通过自己的笔一一记录，这些文字对读者来说，便产生了价值。

与第一本专注于中国十七大名酒的拙作相比，这本《中国地方名酒收藏投资指南》展现的更多是中国各地域的酒文化风貌。2019 年 10 月，酝酿了近 20 年的曾品堂中国老酒博物馆启幕，在整个项目十八大主题展厅的规划中，我将其中最重要的一个环节命名为"中国老酒地图之旅"，沿着中国各区域的老酒脉络，带领参观者感受一场中国各地风情的酒文化之旅。有关酒的风土、历史地理与特色，是我二十余年收藏生涯中一直挥之不去的情结。

犹记第一版《中国地方名酒》出版时，国内老酒市场方兴未艾，有关老酒的收藏价值、增值潜力等方面仍未达到普遍认知。时至今日，老酒价格水涨船高，曾经寥寥数百元的老酒如今动辄数千元，大家对老酒的口感、文化、价值认同与日俱增，这可以说是值得老酒收藏爱好者欣慰的一件事。不仅如此，这几年，老酒收藏的风向亦在不断发生调整，短短数年间，九十年代的酒便由性价比高的喝品逐渐成为"喝一瓶少一瓶"的收藏品；而一些七八十年代的老酒更逐渐成为稀缺品；至于五六十年代的老酒则屡屡爆出天价。人们开始将目光投向酒龄稍短的"次新酒"以弥补想要收藏老酒却苦于无渠道的缺憾。

不论时代更迭、风向调整，经典的历史过往永远值得传承，《中国地方名酒》由于备受读者青睐，一度处于缺货的状态，于是，应读者们的呼声，便有了本书的多次再版。

本书的第一章，按各省份的拼音顺序梳理了安徽、贵州、河北等省份42个品牌的地方名酒，简述酒厂的历史、酒的口感及工艺，并根据实物进行厂名变更及年份的推断，最后通过该品牌在不同年份生产的不同类型酒给出了收藏点评、市场参考价以及收藏指数。

第二章藏酒之乐，延续上本书的风格，将我在藏酒之中获得的感动、收获、思考呈现给读者，期待这样的藏酒之乐能引发读者对中国酒文化更深层次的了解。

第三章藏酒知识，将主要向初涉藏酒界的读者分享藏酒的基本常识，其中包括如何投资、如何进行基本的真伪辨别以及如何确定自己的收藏志趣。

这厚厚一本书，在整个中国浩瀚的酒文化面前也不过是触及皮毛，我不敢说自己是专家，只希望通过这本书，将实用的信息、有回忆的往事一一为您呈现。

最后，我想说，很庆幸，我将收藏这件事，坚持至今。而这件事，值得一直坚定地走下去。

曾宇

2021 年 5 月

作者介绍

曾 宇

公众号：陈香老酒

　　曾宇，曾品堂创始人，酒文化收藏家、陈年美酒系列畅销书作家、中国副食酒流通协会酒专业协会副会长、中国酒业流通行业研究员特聘研究员、中国藏酒协会常务理事、全国多省市酒收藏协会名誉会长／顾问、中国《陈年白酒收藏评价指标体系》的标准制定人之一，被业界誉为"中国老酒收藏第一人"。他所创办的曾品堂中国老酒博物馆，被行内及老酒爱好者誉为"中国酒文化的故宫博物院"、"爱酒之人一生必去的地方"。

目 录 CONTENTS

P15 口子酒

第一章
地方名酒（按产地拼音顺序排名）

P34 三花酒

P128 龙滨酒

P140 白沙液

P173 堆花特曲

P208 兰陵特曲

第二章
藏酒之乐

P259 文君酒

P289 威士忌

第三章
藏酒经验

P291 关帝大曲

第一章

地方名酒

安徽 口子酒	江苏 高沟大曲
北京 北京大曲	江苏 汤沟大曲
广西 桂林三花酒	江西 四特酒
贵州 安酒	江西 堆花特曲酒
贵州 贵阳大曲	辽宁 辽海老窖
贵州 鸭溪窖酒	辽宁 金州曲酒
贵州 习水大曲	辽宁 老龙口酒
河北 刘伶醉	内蒙古 宁城老窖
河北 衡水老白干	内蒙古 向阳陈曲
河北 迎春酒	山东 坊子白酒
河北 丛台酒	山东 兰陵特曲
河北 燕潮酩	山东 古贝春
河南 张弓大曲	山东 景芝白干
河南 杜康	山西 六曲香
河南 赊店大曲	山西 竹叶青
黑龙江 哈尔滨老白干	陕西 杜康
黑龙江 北大仓酒	陕西 太白酒
黑龙江 龙滨酒	重庆 诗仙太白酒
湖北 白云边	四川 文君酒
湖南 白沙液	天津 天津大曲
湖南 德山大曲	新疆 伊犁特曲

（按产地拼音顺序排名）

地方白酒

  陈年白酒品种繁多、风格多样——国家名酒、国家优质酒、地方名酒、地方优质酒、历史名酒以及普通地方小酒等等分类不一而足。继本人的第一本拙作《陈年白酒收藏投资指南》，此次本人将目光聚焦到地方名酒之上。这些地方名酒，有些曾经获得过国家优质酒、部优酒之称号，有些在历届省优评比中斩获殊荣，有些更是历史名酒，一直在酒文化的漫漫长河中闪耀着光芒。

  通过手中一瓶瓶的陈年白酒以及年份久远的酒标、早期的酒厂资料、地方志、糖烟酒志等，我尝试着推断每个酒厂的发展和变化，用当年的实物去证明历史的变迁。时光荏苒，在本章中提到的很多地方名酒，如今有部分酒厂都已难觅其踪；有些酒厂已改旗易帜，重新定位产品方向；但也有很多酒厂一直坚守传统，至今仍在中国的白酒市场占据一席之地。在这个追本溯源的过程中，留给我的除了对时光流逝的嘘唏惋叹，更多的是对如今白酒业的一些思考：如今中国的白酒行业，还有多少酒厂仍在坚守自身的传统、挖掘自身特色，并深深扎根于酒厂历史人文的土壤之中？又有多少酒厂在酒海竞争中迷失了方向，盲目追从而丢失了根本，最后隐退江湖？

  从20世纪50年代开始，全国都在学习汾酒和茅台酒的生产工艺，到至今，还有许多二三线酒厂仍在以名酒酒厂为标准，试图用同样的原料、工艺复制出同样的名酒。然而，这些白酒一直在模仿，很难超越经典。历史向我们证明，那些在发展过程中不断变化产品香型、盲目随从主流的酒厂，如今的结局大都不尽如人意。而那些一直坚持地域特色以及特色香型的白酒厂却往往在市场竞争的大潮中坚持了下来。地方名酒，就是当地的土特产，应该是属于"地方"，是有"地方"特色的名酒，每一种口感的地方名酒，都是地域环境、自然气候、原料工艺的天作之合。关注酿造之根本、提倡酿造之特色、挖掘地方酒文化，才是企业发展之根本。这也是我在本章的论述中，一直秉承的思想。

  翻阅地方史料，研究手中的藏品，沿着时间发展的脉络，我一直努力尝试着还原一段与酒厂真实的历史以及与这些地方名酒有关的背景知识。当然，中国的地方名酒文化，远非该章节所能详尽。囿于篇幅所限，本人此次仅在个人收藏的众多地方名酒中遴选了部分有代表性的厂家和藏品进行论述。因此，谨以此章作抛砖引玉。希望能有更多爱酒、惜酒、藏酒之人加入到陈年白酒文化的探索之中。

安徽
口子酒

1

20世纪80年代中期
"濉溪牌"口子酒

🏛 收藏指数：★ ★ ★ ★ ☆

¥ 参考价格：2200元
2400元（2021年5月）

图中500毫升及250毫升装"濉溪牌"口子酒为口子酒收藏的精品，其三角瓶型是"濉溪牌"口子酒的典型特征。两瓶酒皆挂有1984年获得全国轻工系统酒类质量大赛金杯奖的吊牌。濉溪牌口子酒于1979年在全国评酒会上被评为国家优质酒银质奖，该酒瓶口有"中国名酒"字样。80年代，很多在评酒会上被评为国家优质酒银质奖的白酒企业，都将所产白酒称为"中国名酒"，后该称号逐渐规范，只有在全国评酒会上被评为国家优质酒金质奖章的白酒才可被称为"中国名酒"。

安徽 口子酒

口子酒产于安徽省濉溪县口子镇，濉溪是古淮河的渡口，左控濉河，右临溪河，城镇居中，俗称口子，已有数千年的产酒历史，有古籍记载，鲁绍公七年，宋侯为盟主，曾歃血饮口子酒盟会诸侯于渠。

1949 年，安徽省政府在收购的几家私营酒作坊的基础上，成立了"安徽省濉溪酒厂"，当时酒厂最早生产的酒应为高粱大曲。1953 年，经县政府批准，在东关（古濉河东岸）征地 150 亩扩建新厂区。1959 年，酒厂在继承传统工艺的基础上，吸收了泸州曲酒厂经验，试制濉溪口子酒。

1964 年，省政府决定将原濉溪酒厂一分为二，新厂区归淮北市管辖，定名淮北市酒厂（大约在 20 世纪 80 年代初改称"淮北市口子酒厂"），根据实物证明，在定名淮北市酒厂之前，该酒厂以"淮北市濉溪酒厂"为厂名生产过"濉溪牌"口子酒；县城内旧厂区定名为濉溪县酒厂（1980 年改称"濉溪县口子酒厂"），属濉溪县管辖。由此开始了长达数十年的两厂并存和"濉溪"（隶属淮北市口子酒厂）、"口子"（属濉溪县口子酒厂）两个商标同时分别使用的历史。

20 世纪 50 年代 高粱大曲

20 世纪 60 年代 濉溪大曲

在很长的历史中，濉溪酒是以濉溪高粱大曲酒闻名的。由于不断改革工艺和采用先进技术，酒质的香、浓、醇、甜达到了前所未有的水平，故特选高粱大曲酒品质之最佳者定名口子酒。

70 年代 濉溪二曲

80 年代初 濉溪大曲

淮北市口子酒厂生产的"濉溪牌"口子酒于 1979 年在全国评酒会上被评为国家优质酒获银质奖。38 度的濉溪特液于 1984 年在轻工业部酒类质量大赛中荣获金杯奖，1989 年又在全国评酒会上被评为国家优质酒银质奖。

分离出来后的濉溪县口子酒厂也同样在白酒行业取得了广泛的赞誉与关注。1984 年，它所生产的"口子牌"口子酒获得轻工部举办的酒类质量大赛金杯奖，1989 年又在第五届全国评酒会被评为国家优质酒银质奖。

到了 20 世纪末，两家酒厂因口子酒的品牌问题而争执不断，1997 年 9 月，为挽救口子酒品牌，在政府指导下，淮北市口子酒厂和濉溪县口子酒厂合并，两家口子酒厂结束了二十多年的分裂状态，强强联手，共同成立了安徽口子集团公司。

口子酒精选淮北优质高粱为原料，以小麦、大麦、豌豆制成的高温香曲为糖化发酵剂，取当地深井泉水为酿造用水；采用传统续渣混蒸连续发酵的生产工艺，适温入窖，低温发酵（发酵期最长达 112 天），缓慢蒸馏，截头去尾，分段取酒，按质入库，分级贮存，陈酿一年以上才勾兑成成品。在这样的工艺以及优质原料下生产酿制的浓香型口子酒，酒液清澈透明、窖香浓郁优雅、醇和微甜、绵柔和谐、尾净、余味较长。

2

20 世纪 80 年代后期

"濉溪牌" 口子酒

- 藏 收藏指数：★★★★☆
- ¥ 参考价格：1500 元
  1900 元（2021 年 5 月）

　　三角瓶型的"濉溪牌"口子酒于 80 年代末标注了容量和度数，该酒封口处有"中国优质酒"字样。

3

20 世纪 90 年代初

"濉溪牌" 口子酒

- 藏 收藏指数：★★★☆☆
- ¥ 参考价格：900 元
  1500 元（2021 年 5 月）

　　图中金属铝旋盖口子酒瓶标上标注了"浓香型"、53 度、500 毫升（右瓶为 125 毫升）。此外，该酒在吊牌上标注其于 1979 年、1989 年获得国家优质酒称号，并记录了口子酒在当时的其他获奖情况。

4

1986 年、1988 年"濉溪牌"口子酒

藏 收藏指数：★★★★☆

¥ 参考价格：2000 元（左）、1500 元（右）
2400 元（左）、1800 元（右）（2021 年 5 月）

图左为 1986 年玻璃瓶塑盖口子酒，该酒酒标上标记有 1984 年全国轻工系统酒类质量大赛金杯奖图案。

图右为 1988 年玻璃瓶金属旋盖口子酒，与图左酒不同的是，该酒的厂名由"安徽淮北市口子酒厂"更名为"安徽淮北市口子酒总厂"。

5

1988 年、1992 年"濉溪牌"口子酒

藏 收藏指数：★★★☆☆

¥ 参考价格：900 元（左）、900 元（右）
1400 元（左）、1200 元（右）（2021 年 5 月）

图右为 1988 年产 250 毫升装濉溪牌口子佳酿，厂名为安徽淮北市口子酒总厂；图左为 1992 年产口子佳酿，厂名为安徽淮北市口子酒厂，在 20 世纪 80 年代末 90 年代初，口子酒厂名变更较为频繁。口子佳酿于 1986 年获得安徽省优质食品奖。

6

1988 年"濉溪牌"口子酒

🏛 收藏指数：★ ★ ★ ★ ☆

¥ 参考价格：2800 元

　　　　　　3500 元（2021 年 5 月）

　　该礼盒为人民大会堂特供，其中两瓶为口子酒，另两瓶为濉溪佳酿及濉溪大曲。

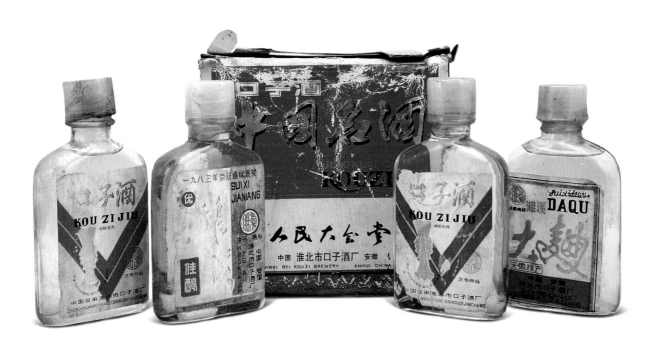

7

20 世纪 80 年代 "口子牌" 口子酒

藏 收藏指数：★★★★☆

￥ 参考价格：6000 元

7000 元（2021 年 5 月）

　　图中 "口子牌" 口子酒为 "安徽名酒"，证明该酒当时尚未获得 1984 年轻工部酒类质量大赛金杯奖，初步推断应为 20 世纪 80 年代初所产。该酒属于口子酒收藏中的精品，较为稀少。

8

1989年"口子牌"口子酒

▣ 收藏指数：★★★☆☆

¥ 参考价格：800元
    1600元（2021年5月）

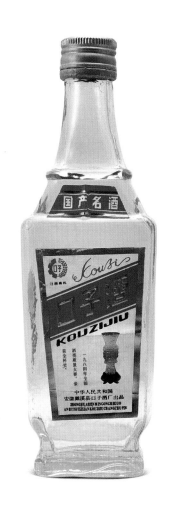

　　图中酒为1989年生产的250毫升"口子牌"口子酒。该酒曾于1984年获得轻工部全国酒类质量大赛金杯奖，自此生产的"口子牌"口子酒开始标注"国产名酒"字样以及金杯奖图案。

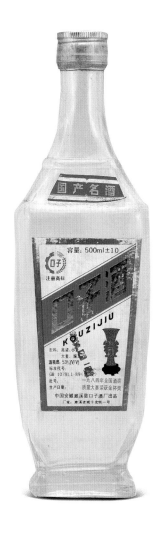

9

1991年"口子牌"口子酒

▣ 收藏指数：★★★☆☆

¥ 参考价格：800元
    1100元（2021年5月）

　　20世纪90年代初期，"口子牌"口子酒开始在瓶标上标注度数、配料、酒精度数及标准代码。

10

1993 年"口子牌"口子酒

藏 收藏指数：★★★☆☆

￥ 参考价格：1000 元

1400 元（2021 年 5 月）

图中酒为 54 度白玻璃柱形瓶"口子牌"口子酒，该酒标注有"全国第五届白酒评比国优"字样，此外还标注了配料，度数、容量及生产代码。这种瓶型的口子酒是"口子牌"口子酒在该时期较为显著的特征，此类型口子酒在收藏市场上较为常见，本人曾开瓶品尝，为典型的浓香型，酒色微黄，陈香突出，绵柔醇厚。

系列酒

11-14

1988 年口子老窖 （左一）

- 藏 收藏指数：★★★☆☆
- ¥ 参考价格：1200 元
  1600 元（2021 年 5 月）

1994 年口子大曲 （左二）

- 藏 收藏指数：★★☆☆☆
- ¥ 参考价格：900 元
  1000 元（2021 年 5 月）

20 世纪 90 年代初口子老窖 （右二）

（天津烟酒贸易中心总经销）

- 藏 收藏指数：★★★☆☆
- ¥ 参考价格：1200 元
  1500 元（2021 年 5 月）

20 世纪 80 年代末 90 年代初口子大曲 （右一）

- 藏 收藏指数：★★★☆☆
- ¥ 参考价格：1800 元
  2200 元（2021 年 5 月）

系列酒

15-16

1989 年口子特酿

藏 收藏指数：★★★☆☆

¥ 参考价格：1500 元

　　　　　　1800 元（2021 年 5 月）

20 世纪 80 年代末 90 年代初口子特酿

藏 收藏指数：★★★☆☆

¥ 参考价格：1000 元

　　　　　　1500 元（2021 年 5 月）

17

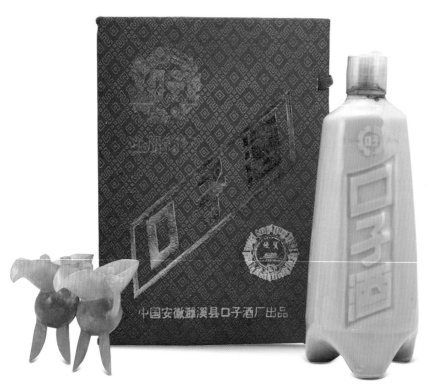

20 世纪 90 年代中期"口子牌"口子酒礼盒

藏 收藏指数：★★★★☆

珍稀

　　该酒为口子酒获得国优后生产的一款礼盒装白酒，酒瓶为青瓷，酒杯为传统玉雕酒器，翠绿温婉，剔透莹洁，具有较高的艺术收藏价值，在收藏市场稀少。

北京
北京大曲

18

20 世纪 70 年代 "潮白河牌" 红粮大曲

▣ 收藏指数：★★★★★
¥ 参考价格：8000 元
　　　　　　10000 元（2021 年 5 月）

　　红粮大曲酒于 1970 年投产，1979 年被评为北京市优质产品，图中 "潮白河牌" 红粮大曲为 20 世纪 70 年代生产。该酒为浓香型白酒，厂名在该时期为 "北京市顺义县牛栏山酒厂"。

北京 北京大曲

　　燕山脚下，潮白河畔，酝酿出地道口感的牛栏山酒，至今我们仍能从牛栏山酒厂曾出品的酒上看到"潮白河"的图案及商标。牛栏山自古以来便是个酒香四溢的地方，据称，清代康熙年间，牛栏山镇酒坊林立，著名的酿酒作坊有十几家之多，尤以安乐烧锅最负盛名。1952 年，牛栏山酒厂在"公利号""富顺成""魁胜号""义信号"四家老烧锅的基础上成立建厂。1970 年，红粮大曲投产，该酒采用优质高粱为原料，经多轮发酵、蒸馏、长期贮存、精细勾兑，再贮存 1~5 年后装瓶出厂。红粮大曲有特殊的浓香味，口味纯正浓厚，因此 20 世纪 70 年代在北京红极一时。1973 年，牛栏山酒厂学习泸州曲酒厂经验，投产北京大曲。该酒于 1979 年、1984 年被评为北京市优质产品。

　　20 世纪 70 年代牛栏山酒厂出品的酒除红粮大曲、北京大曲外，还生产有二锅头酒，这也是牛栏山酒厂至今仍以为傲的主打品牌。据称，乾隆皇帝曾为安乐烧锅酒赐名"二锅头"并封为"御酒"，从此牛栏山二锅头"御酒"名扬天下。这也许是奇闻轶事，无据可考，但据《顺义县志》记载："造酒工作是工者约百余人（受雇于治内十一家烧锅）。所酿之酒甘洌异常为平北特产，销售邻县或平市，颇脍炙人口，而尤以牛栏山酒为最著。"此处所提及的"烧酒"，即现在的牛栏山二锅头酒。如今，牛栏山二锅头酒已成为中国白酒清香型（二锅头工艺）代表，深受消费者青睐。

　　二锅头酒并非牛栏山酒厂之专属，20 世纪 70 年代后期在北京，大多数酿酒厂都在生产二锅头酒，这也可以看出当时的北京地区，二锅头代表了该地区一直以来的传统酿造之传承。翻阅那个年代的史实资料，我们可以看到，在当时有北京酿酒总厂生产的 65 度红星二锅头（其中，2008 年红星申报的"北京二锅头酒酿制技艺"被批准为"中国非物质文化遗产"）、北京昌平酒厂、北京市通县酒厂生产的向阳牌二锅头、北京市密云酒厂生产的密云水库牌二锅头酒、北京市延庆酒厂生产的八达岭二锅头酒、北京市顺义县杨镇酒厂生产的杨镇二锅头酒、北京大兴酒厂出品的永丰牌二锅头酒、北京市朝阳酒厂出品的朝阳牌二锅头酒以及北京市怀柔县汤河口酒厂出品的汤河口二锅头酒。

　　值得称道的是，历经数百年的发展，牛栏山酒厂仍然在坚持自身的传统香型，尽管七八十年代顺应时代潮流，该厂也投入了生产浓香的大潮并获得了一定的成功，但岁月淘沙，留下积淀的终究是代表着浓郁地方特色的传统香型白酒，我想，这也是为什么牛栏山酒厂至今仍处在高速发展的轨道上的原因之一。

19-20

1986 年"潮白河牌"红粮大曲

🏺 收藏指数：★★★★☆

¥ 参考价格：2500 元

　　　　3000 元（2021 年 5 月）

　　塑盖红粮大曲酒，该酒在收藏市场较为少见，与 70 年代红粮大曲不同的是，该酒厂名在此时期更名为"北京市曲酒厂"。

1988 年"潮白河牌"红粮大曲

🏺 收藏指数：★★★☆☆

¥ 参考价格：1800 元

　　　　2600 元（2021 年 5 月）

　　图中的红粮大曲酒采用玻璃瓶、压盖。80 年代后期，红粮大曲酒开始标注 53 度度数。

21

1992 年"潮白河牌"红粮大曲

收藏指数：★★★☆☆

参考价格：1600 元

　　　　　1800 元（2021 年 5 月）

　　90 年代的红粮大曲酒，瓶标上开始标注酒精度数、配料以及生产标准，此时的酒厂名称更名为"北京市牛栏山酒厂"。

22

1980 年左右"华灯牌"北京大曲

藏 收藏指数：★★★★★

￥ 参考价格：4200 元

5000 元（2021 年 5 月）

北京大曲酒于 1973 年学习泸州曲酒厂经验后投产。1979 年、1984 年被评为北京市优质产品，注册商标采用"华灯牌"。根据北京市酿酒总厂于 1980 年出版的图册，该图册上有该瓶相同瓶型及相同酒标的北京大曲图片，因此，初步推断该酒为 70 年代末 80 年代初生产。以城市名称命名的酒拥有更深更具广泛认知的文化历史记忆，因此在收藏界通常较受欢迎。

23

1989 年"华灯牌"北京市大曲

- 收藏指数：★★★★☆
- 参考价格：1800 元
  3000 元（2021 年 5 月）

24

20 世纪 80 年代"潮白河牌" 北京市白酒

- 收藏指数：★★★☆☆
- 参考价格：2500 元
  2800 元（2021 年 5 月）

25-27

1987 年"华灯牌"北京市特曲 39 度（左）

藏 收藏指数：★★★☆☆

¥ 参考价格：1500 元

　　　　　1700 元（2021 年 5 月）

1988 年"华灯牌"北京特曲（右）

藏 收藏指数：★★★☆☆

¥ 参考价格：2000 元

　　　　　3000 元（2021 年 5 月）

20 世纪 80 年代"华灯牌"北京特曲（中）

藏 收藏指数：★★★☆☆

¥ 参考价格：2800 元

　　　　　3200 元（2021 年 5 月）

28

1990 年"华灯牌"华灯头曲

🏺 收藏指数：★★★☆☆

¥ 参考价格：1300 元

　　　　　　1800 元（2021 年 5 月）

　　华灯头曲为浓香型白酒，于 1982 年投产，注册商标为"华灯牌"。图中该酒为 53 度 495 毫升装，此外，瓶标上还标有配料及产品执行标准。华灯头曲于 1986 年被评为北京市优质产品。

29-30

20 世纪 80 年代末"潮白河牌"二锅头酒

🏺 收藏指数：★★★☆☆

¥ 参考价格：1200 元

　　　　　　2000 元（2021 年 5 月）

20 世纪 90 年代初"潮白河牌"二锅头酒

🏺 收藏指数：★★★☆☆

¥ 参考价格：900 元

　　　　　　1200 元（2021 年 5 月）

31-36

一组七八十年代产北京二锅头

"十三陵水库牌"二锅头酒（左一）

㊣ 北京市昌平酒厂

"永丰牌"二锅头酒（左二）

㊣ 北京大兴酒厂

"八达岭"二锅头酒（左三）

㊣ 北京延庆酒厂

"向阳牌"二锅头酒（左四）

㊣ 北京市通县酒厂

"沟河牌"二锅头酒（左五）

㊣ 北京平谷酒厂

"京乐牌"二锅头酒（左六）

㊣ 国营北京市永乐店酿酒厂

广西
桂林三花酒

37

1972 年 "象山牌" 三花酒

收藏指数：★★★★★

孤品

图中酒为 1972 年生产的 250 毫升装象山牌三花酒，厂名为 "桂林饮料厂"。该厂于 1952 年建成，所生产之酒在生产初期尚未称作 "桂林三花酒"，该酒市场稀少，具有很高的收藏价值。

广西 桂林三花酒

桂林三花酒早期在民间俗称"三蒸酒"或"三熬酒"，最早为清末民初桂林一家名为"安泰源"的酒坊所创。据称三花酒酿制需要蒸熬三次，称"三熬酒"，该酒摇动可泛起无数泡花，泡花细腻且持久，所以又称"三熬堆花酒"，简称"三花酒"。

桂林三花酒厂始建于1952年，沿用传统工艺酿造三花酒。1953年，更改厂名"桂林酿酒厂"；1958年更名为"桂林饮料厂"；并于80年代中期改名为"桂林酿酒总厂"。1994年，公司进行改制，成立桂林三花股份有限公司。注册商标早期使用过"象山牌"，酒厂改为"桂林酿酒总厂"后，1981年注册了"桂林牌"商标。

桂林三花酒自面世以来，一直受到白酒界以及市场的广泛赞誉，斩获了多项殊荣。1957年在中央食品工业部召开的全国小曲酒评议会上，在十四省区二十四种小曲酒中被评为第一。1963年、1979年、1984年、1988年在第二届、三届、四届、五届全国评酒会上均被评为国家优质酒银质奖。

桂林三花酒不仅在广西名酒中首屈一指，在全国白酒界也颇有地位。三花酒质量好的原因，不外乎是酿造它的水好、米好和酒曲好。它采用漓江上游、澄碧见底、无杂味怪味又含微量矿物质的漓江水；米是漓江流域盛产的含淀粉高达72%以上的优质米；发酵用的酒曲是用桂林市郊特产的一种茎小而香气浓郁的香酒药草制成。具备了三项基本条件，加上精工酿造，才酿成了度数为56度~58度的三花美酒。

在生产工艺方面，采用半固态一次发酵法，即前期固态发酵，后期液体发酵。第一次蒸出的酒液，须经两次回锅复蒸，前后共蒸三次；蒸好之酒液灌入大缸中，用纸筋、石灰封口，放入岩洞中贮藏两年以上，洞内凉爽潮湿，气温恒定，有利于酒内醇香脂化，保证了酒的独特风格，最后经勾兑调味酿成。如此工艺下生产出的桂林三花酒，无色透明；蜜香清雅，入口绵柔，落口爽冽、回甜，饮后留香。

桂林特有的地理环境酝酿着独具风味的三花酒，值得称道的是，历经数十年的发展，三花酒一直坚持其传统酿造技艺，这种酿制技艺如今已入选"广西非物质文化遗产"名录，也令三花酒成为"中国地理标志保护产品"。三花酒，当之无愧地成为中国米香型白酒的最佳代表。

桂林饮料厂早期生产的
"象山牌"葡萄酒

38

1983 年"象山牌"桂林三花酒

藏 收藏指数：★★★★☆

¥ 参考价格：8000 元

　　　　　1500 元（2021 年 5 月）

　　图中"象山牌"桂林三花酒于 1983 年生产，桂林三花酒于 1963 年、1979 年、1984 年、1988 年在全国评酒会上被评为国家优质酒银质奖。图中该酒为获得 1979 年全国优质酒奖章后所生产，厂名为桂林饮料厂，市场较为稀少。该酒购买时封膜较新，怀疑为后封膜，打开品鉴，米香型特征突出，蜜香清雅，入口绵柔，有陈味，确定为真品。在陈年白酒收藏中，如果藏友能具备一定的品鉴能力，则对酒之真伪判断将非常有益。

39

80 年代后期"桂林牌"桂林三花酒

藏 收藏指数：★★★★☆

¥ 参考价格：6000 元

　　　　　9000 元（2021 年 5 月）

　　桂林市饮料厂于 1987 年更名为"桂林市酿酒总厂"，与此同时，该厂所产的桂林三花酒注册商标改为"桂林牌"，商标图案不变，此外，酒标上开始标注度数及容量，并印有国家优质酒银质奖章。

40

90 年代"桂林牌"桂林三花酒

藏 收藏指数：★ ★ ★ ☆ ☆

¥ 参考价格：2000 元

　　　　　　3200 元（2021 年 5 月）

　　1994 年桂林市酿酒总厂进行改制，改制后的厂家更名为"桂林三花股份有限公司"。图中该酒为 90 年代中后期生产，瓶标上标有原料、度数、产品执行标准以及条形码，酒封口也由塑盖改为金属旋盖。

41

1980 年左右"象山牌"
桂林三花酒

藏 收藏指数：★ ★ ★ ★ ☆

¥ 参考价格：1.5 万元

　　　　　　2 万元（2021 年 5 月）

　　图中白瓷瓶"象山牌"桂林三花酒为 80 年代初桂林饮料厂所生产，该酒造型独特，类似小提琴，此外，酒瓶背面还印有桂林山水图案，图文并茂地展现了桂林的水墨山水，颇有艺术欣赏价值。该酒在收藏市场稀少。

42

80 年代初"象山牌"桂林三花酒

🏺 收藏指数：★★★★☆

💴 参考价格：6000 元

　　　　　　12000 元（2021 年 5 月）

　　图中酒为 80 年代初桂林饮料厂生产的"象山牌"桂林三花酒，采用白玻璃材质、塑盖红膜封口。酒瓶上还贴有当时该酒的价格 3.4 元，具有历史纪念意义。桂林三花酒为米香型酒之典范，在收藏市场较受青睐，不过该酒并不多见，因此价格比较昂贵。

43

80 年代"象山牌"桂林三花酒（出口）

🏺 收藏指数：★★★★☆

💴 参考价格：7500 元

　　　　　　10000 元（2021 年 5 月）

　　图中为中国粮油食品进出口公司监制、外销出口的"象山牌"桂林三花酒，瓶标简洁美观，上面标注有重量 500 克。该酒在收藏市场上较为少见。

44

90 年代中期"桂林牌"桂花酒

🏺 收藏指数：★★★☆☆

🍷 参考价格：1600 元

　　　　　3000 元（2021 年 5 月）

　　图中"桂林牌"桂花酒于 90 年代中期由桂林市酿酒总厂出品，为白瓷扁瓶塑盖，酒标上标注度数为 46 度~55 度，容量 500 毫升，该酒桂花香突出，醇厚柔和。市场上较为少见。

45

1984 年"桂林牌"桂林三花酒

🏺 收藏指数：★★★★☆

🍷 参考价格：4000 元

　　　　　7000 元（2021 年 5 月）

　　图右"桂林牌"桂林三花酒为 100 毫升礼盒装白酒，尽管当时的厂名仍为"桂林市饮料厂"，但注册商标已改为"桂林牌"，是当时桂林商标及厂名变更时期的过渡产品。

贵州

安酒

46

70 年代 "黄果树牌" 安酒

▨ 收藏指数：★★★★★

珍稀

　　图中 "黄果树牌" 安酒，从瓶型上看属于六七十年代典型瓶型，该酒酒标色彩协调、雅致大方，瓶标上有 "贵州名产" 字样，酒色微黄，通过酒花判断，经过多年储存，该酒的酒精度依然为高度，在市场上极为稀少。

贵州 安酒

安酒产于贵州省安顺市。安顺酿酒历史悠久，明代便有"米酒"酿制之风俗。清代《安顺府志》写道"九月九日是日造酒味佳，终年不淡"。

安酒创始人周绍臣，于19世纪20年代从贵州湄潭县迁居安顺。周绍臣对酿酒工艺的诀窍了然于心，自信凭着制曲和精工细作的技术优势以及安顺地区不亚于茅台镇的水、土、气候的自然优势，能够酿制出特属安顺的名酒。从20世纪30年代开始，周绍臣经三年准备、七年试产，终于酿出了风味独特的窖酒。1940年，周氏正式开业销售窖酒，并将酒坊命名为"醉群芳"。值得一提的是，周绍臣出生中医世家，有祖传中草药制曲的秘方。他在继承的基础上取舍，选用110多种中草药，合成"百味散"，粉碎后掺入麦麸制成酒曲。由其特有的工艺酿成的窖酒，在40年代誉满黔中，被群众尊称"周茅""安茅"。

安酒厂的另一前身为中国人民解放军第二野战军五兵团第十七军后勤部办的"八一酒精厂"。新中国成立后，八一酒精厂移交给了地方，由安顺专员公署接收，将厂名改为"利民酒精厂"；这也是安顺的第一家国营工厂。1953年，利民酒精厂合并了具有多年酿酒历史的醉群芳酒坊，继承传统醉窖、回沙、陈酿工艺，恢复周茅生产，于50年代中期生产酱香型安顺大曲。为更好顺应市场的需求，酒厂于60年代采取兼收并蓄的方法，引进浓香型酒工艺，改变原风格，酿成窖香酒，取名安酒。改进后的安酒，具有浓香型酒的风味特色。1966年酒厂更名为安顺市酒厂。

安酒蝉联了第一届至第四届"贵州名酒"称号：1963年被评为贵州省名酒，1980年被评为贵州省优质产品，1983年被评为贵州省名酒，1986年获贵州省名酒金尊奖。此外，它还在1988年第五届全国评酒会上被评为国家优质酒银质奖。注册商标曾在早期使用过"黄果树牌"，80年代中期后使用"安"牌，出口酒使用"飞天牌"注册商标。

安酒以优质高粱、糯米为原料，以小麦制成大曲（陈曲）为糖化发酵剂，引城内双眼井泉水为酿造用水。采用浓香型酒工艺，经续糟配料、混蒸混烧、老窖发酵、蒸馏摘酒、陈化老熟、勾兑调味等工序酿成。应用该种工艺酿出的安酒酒液无色，清澈透明，窖香浓郁，香气协调，醇和甘洌，爽口不暴，尾净绵长。

贵州白酒，尽管有茅台名震四海，但其他白酒相比四川的"六朵金花"而言一直表现平平，尤其是该省的浓香型白酒难以获得市场的广泛认可。纵观安酒酒厂发展的历史脉络，我们不难看出，以茅台酒传统工艺始酿的"周茅""安茅"，于60年代逐渐改变了最初的酿造风格，吸取了浓香型生产工艺，生产出浓香型口感的安酒。1992年，受到各方面因素的影响，安酒酒厂陷入困境，于白酒市场沉寂十余年。如今的安酒，在发展浓香型白酒的同时，将另一重点放在了打造酱香型白酒基地上。安酒的这种对于传统的回归，让我们看到了一线希望，个人认为，如果安酒能恢复以前的传统工艺，生产出与茅台与众不同的周茅，这将会是白酒界的一大幸事。

47

80 年代初"黄果树牌"安酒

藏 收藏指数：★★★★☆

¥ 参考价格：3000 元

6000 元（2021 年 5 月）

图中玻璃瓶塑盖安酒为 80 年代初贵州省安顺酒厂生产，该酒注册商标"黄果树"字样及图案位于瓶标的右侧，颈标上标有"贵州名酒"字样，该酒目前在收藏市场上较为少见。图中该酒瓶标上还标有 4.8 元字样，应为当时安酒在市场上售价。

48

80 年代中期"黄果树牌"安酒

藏 收藏指数：★★★☆☆

¥ 参考价格：1800 元

3800 元（2021 年 5 月）

图中"黄果树牌"安酒为贵州省安顺酒厂生产的白瓷瓶塑盖白酒。本人曾品鉴过此款安酒，该酒色泽微黄，陈味突出，窖香浓郁，绵甜爽净，随着时间的储存略带酱味，空杯留香，具备了一些酱香酒的特征，确实为一款口感极佳的陈年白酒。

49

1986 年"安牌"安酒

藏 收藏指数：★★★☆☆

¥ 参考价格：1200 元

　　　　2500 元（2021 年 5 月）

　　80 年代中后期，安酒的"黄果树牌"注册商标过渡为"安牌"，图中的"安牌"安酒于 1986 年生产，瓶型采用莲花瓶型。

50

1992 年"安牌"安酒

藏 收藏指数：★★☆☆☆

¥ 参考价格：900 元

　　　　1600 元（2021 年 5 月）

　　图中的"安牌"安酒为金属旋盖，该酒在瓶背标上标注有度数及容量，分别为 55 度及 500 毫升。该酒目前在收藏市场较为常见，是性价比较高的一款喝品酒。

51

1992 年"安牌"安酒

藏 收藏指数：★★☆☆☆

¥ 参考价格：900 元

　　1800 元（2021 年 5 月）

　　图中的"安牌"安酒为金属旋盖，由贵州省安顺市酒厂出品，该酒在瓶背标上标注有度数及容量，分别为 55 度及 500 毫升。该酒目前在收藏市场较为常见，是性价比较高的一款喝品酒。

52

1992 年"安牌"安酒

藏 收藏指数：★★★☆☆

¥ 参考价格：900 元

　　1800 元（2021 年 5 月）

　　1988 年，安酒在第五届全国评酒会上被评为国家优质酒银质奖章，此后，安顺市酒厂开始生产带有"国优"字样颈标的"安牌"安酒。该酒为白玻璃扁瓶、金属旋盖，瓶背标上标有度数及容量，分别为 55 度、500 毫升。

53

1992 年 "安牌" 安酒

藏 收藏指数：★★★☆☆

¥ 参考价格：1500 元

3500 元（2021 年 5 月）

　　图中的 "安牌" 安酒为白玻璃瓶，造型古雅美观，类似古代酒器，去除酒顶的白塑料盖帽，可见其采用的是金属旋盖。该酒瓶标上标识有 55 度及 500 毫升等信息。

54

80 年代 "飞天牌" 安酒

藏 收藏指数：★★★★☆

¥ 参考价格：1 万元

1.05 万元（2021 年 5 月）

　　安酒的出口商标曾采用 "飞天牌"，该 "飞天牌" 与茅台酒 "飞天牌" 一样，均为贵州省粮油进出口公司在境外注册的注册商标，因此，安酒当时采用 "飞天牌" 作为外销酒注册商标便在情理之中。图中的白瓷瓶 "飞天牌" 安酒，瓶标上有双龙环绕在安酒字样周围，图案辉煌大气。当时使用 "飞天牌" 注册商标外销的白酒品牌，除了茅台之外，还有鸭溪窖酒、董酒、习水大曲、贵州醇等。

55-57

1987 年安春大曲（图左）

🏺 收藏指数：★★★☆☆

¥ 参考价格：1600 元

　　　　　3000 元（2021 年 5 月）

80 年代早期"黄果树牌"虹山曲酒（图中）

🏺 收藏指数：★★★★☆

¥ 参考价格：3200 元

　　　　　5000 元（2021 年 5 月）

1992 年"夜郎村牌"夜郎村酒（图右）

🏺 收藏指数：★★☆☆☆

¥ 参考价格：800 元

　　　　　1600 元（2021 年 5 月）

贵州

贵阳大曲

58

1980 年"贵牌"贵阳曲酒

藏 收藏指数：★★★★★

珍稀

　　该酒的注册商标为"贵牌"，该注册商标是贵阳酒厂较早使用的注册商标。这种瘦长的啤酒瓶的酒瓶在贵州 70 年代较为流行，80 年代初后逐步被普通的玻璃瓶型所取代。因此，瓶型可以作为判断一些酒时代特征的重要因素。

贵州 贵阳大曲

贵阳大曲产于贵州贵阳市。新中国成立前，贵阳市有酿酒作坊百余家，生产金茅、丁茅、余茅等酒，因此，不难见得，贵阳酿酒业最初是以酿制酱香型白酒为主导的。新中国成立之初，政府集大小酿酒作坊140多家及其技术力量，组建成贵阳市联营酒厂。厂名和企业性质几经变动，最后于1958年定名为国营贵阳酒厂。该厂自1955年开始生产出多种香型的白酒，颇受市场关注。70年代前期，酒厂依靠本厂生产窖酒的经验和技术力量，经多次试验，于1976年研制曲酒成功，定名为"贵阳大曲"，该酒属于浓香型白酒。

贵阳大曲一经面世便获得了广泛的认可：1979年被评为贵州省优良产品；1980年被评为贵州省优质产品；1983年被评为贵州省名酒；1986年获贵州省名酒金尊奖；1988年获轻工业部出口产品金奖。

在酿造工艺上，贵阳大曲采用优质高粱，以小麦制成中温大曲作为糖化发酵剂。采用人工老窖、清蒸混烧工艺，经低温发酵、回酒发酵、清蒸混烧、量质接酒、贮陈、勾兑等工序酿成。经过该种生产工艺生产出的贵阳大曲无色透明，窖香浓郁，醇甜爽净，回味悠长。

此外，贵阳酒厂还生产有酱香型黔春酒，该酒于1981年投产，1983年获国家经委优秀新产品金龙奖；1986年获贵州省名酒金尊奖；1988年在第五届全国评酒会上被评为国家优质酒银质奖。

新中国成立之初，贵阳酒厂集140个作坊的生产力量打造，个人认为，贵阳酒厂在当时无论从地理环境和技术力量角度都可以说是贵州省实力最强的酒厂，其历史之悠久，实力之强大毋庸置疑。然而，八九十年代酒厂生产的浓香型白酒却远不及四川的浓香型白酒受到欢迎，在整个贵州与四川浓香白酒的竞争之中节节落败。不过，在陈年白酒收藏市场上，贵州浓香陈年白酒的市场价格并不比四川的浓香白酒低。懂得品鉴的藏家们均认为贵州浓香型陈年白酒在口感上丝毫不逊色于四川浓香，不仅如此，贵州浓香还具备典型的风格特色，希望贵州的传统浓香能重振雄风、重占市场。

59

1986 年"贵阳牌"贵阳二曲

藏 收藏指数：★★★★☆

¥ 参考价格：1600 元

3600 元（2021 年 5 月）

图中该酒为贵阳酒厂在其辉煌时期生产的一款二曲酒，生产时间为 1986 年。

60

1989 年"贵阳牌"贵阳大曲

藏 收藏指数：★★★☆☆

¥ 参考价格：1200 元

3500 元（2021 年 5 月）

"贵阳牌"贵阳大曲酒于 1975 年投产，该酒获得多次贵州省优酒称号，图中贵阳大曲酒为金属旋盖，当时的厂名为贵州省贵阳酒厂，度数为54 度，容量为 500 毫升。该酒在收藏市场上较为常见，是性价比较高的一款喝品。

61

80 年代中期黔春酒

藏 收藏指数：★★★★☆

￥ 参考价格：2000 元

　　　　　　6600 元（2021 年 5 月）

　　黔春酒为酱香型白酒，该酒于 1981 年投产。图中该酒为黔春酒获得 1986 年贵州省名酒金尊奖之前生产，采用白玻璃瓶，厂名为贵州省贵阳酒厂。

62

80 年代后期黔春酒

藏 收藏指数：★★★☆☆

￥ 参考价格：1800 元

　　　　　　6000 元（2021 年 5 月）

　　1986 年，黔春酒获贵州省名酒金尊奖；从此在该酒瓶标上印有"金尊奖"图案，并在显眼处标注有"贵州名酒"字样。此时，厂名为贵州省贵阳酒厂。

63

1991 年"黔春牌"黔春酒

🏛 收藏指数：★ ★ ★ ☆ ☆

¥ 参考价格：1400 元

4800 元（2021 年 5 月）

　　1988 年，黔春酒在第五届全国评酒会上被评为国家优质酒银质奖，此后酒厂开始生产挂有"国家优质酒"奖章的方型玻璃瓶金属旋盖黔春酒，该酒酒标上标有容量 500 毫升，此时的厂名为"贵州省国营贵阳酒厂"。

64

1992 年"贵阳牌"贵阳大曲

🏛 收藏指数：★ ★ ★ ☆ ☆

¥ 参考价格：800 元

2000 元（2021 年 5 月）

　　图中贵阳大曲为玻璃扁瓶金属旋盖，酒度54 度，容量为 500 毫升，当时的厂名为贵州省国营贵阳酒厂，在酒的颈标上写有该酒获得法国波尔多国际酒类博览会唯一特别奖等信息。该酒为当时贵阳酒厂生产的较为高端的一款酒。

65-66

80 年代甲秀大曲（白瓷瓶）

藏 收藏指数：★★★☆☆

¥ 参考价格：1500 元

3800 元（2021 年 5 月）

80 年代甲秀大曲（玻璃瓶）

藏 收藏指数：★★★☆☆

¥ 参考价格：1500 元

3200 元（2021 年 5 月）

67-68

80 年代末"金筑牌"金筑曲酒

藏 收藏指数：★★★☆☆

¥ 参考价格：1200 元

　　　　2300 元（2021 年 5 月）

1985 年黔岭大曲

藏 收藏指数：★★★☆☆

¥ 参考价格：1500 元

　　　　3000 元（2021 年 5 月）

贵州
鸭溪窖酒

69

70 年代末"凉亭牌"鸭溪窖酒

藏 收藏指数：★ ★ ★ ★ ★

¥ 参考价格：8000 元

　　　　　1.6 万元（2021 年 5 月）

　　鸭溪窖酒于 20 世纪 50 年代投产，后改进工艺，生产浓香型口感白酒，鸭溪窖酒蝉联第二届、第三届、第四届贵州名酒称号，早期的鸭溪窖酒采用"凉亭牌"注册商标，图中玻璃瓶塑盖鸭溪窖酒，注册商标为"凉亭"图案，厂名为"贵州省遵义县鸭溪酒厂"，该酒在收藏市场较为罕见。

贵州 鸭溪窖酒

鸭溪窖酒产于贵州省遵义县鸭溪镇。清光绪年间，赖姓商人在鸭溪镇开设"广兴祥"酒坊，始创赖记"雷泉酒"。20世纪30年代，镇民何清荣、何清华兄弟二人开设荣华酒坊，聘赖氏酒坊的酒师酿成"回沙荣华酒"，40年代改名"荣华窖酒"。何氏兄弟在原料选择和酿酒工艺上都比较考究、严格，产品质量甚至胜过雷泉酒，其酒有次茅台之称。

1948年，鸭溪镇有25家酒坊。1951年，政府集合雷泉和荣华两坊酒师，在荣华酒坊旧址成立联营酒厂，继承传统工艺，生产普通白酒。1956年，酒厂改为公私合营，恢复了窖酒的生产。1957年，酒厂过渡为地方国营企业，既生产普通白酒，又生产窖酒。当时的鸭溪窖酒的工艺，继承了赖、何两家传统工艺，且又独树一帜。采取大小曲并用，先拌小曲装箱糖化，后拌大曲入窖发酵生香，在大小曲中均配有名贵中药，所产的窖酒属于其他香型。

1973年，酒厂为提高产量，改进了该酒的生产工艺，生产出典型的浓香型白酒。采用优质高粱，配入适量糯谷，以优质小麦制成中温大曲为糖化发酵剂。采用传统混蒸混烧工艺、经续糟混蒸、人工老窖低温发酵、蒸馏取酒、贮存老酒、勾兑调味等工序酿成。经过该工艺生产出的鸭溪窖酒无色透明、芳香馥郁、香而不暴、甜而不酽、甘洌醇厚，味长尾净。

鸭溪窖酒蝉联第二届、第三届、第四届贵州名酒称号。1956年被评为贵州名酒，1979年、1980年被评为贵州省优质产品，1983年被评为贵州省四新产品及贵州名酒，1986年获贵州省名酒金尊奖，1988年获轻工业部出口产品金奖。鸭溪窖酒早期使用的是"凉亭牌"注册商标，1983年开始改用"鸭溪牌"注册商标，出口鸭溪窖注册商标为"飞天牌"。从我的收藏实物判断，1981年左右，酒厂厂名由"鸭溪酒厂"改为"鸭溪窖酒厂"；注册商标也由"凉亭牌"过渡为"鸭溪窖牌"。

从鸭溪酒业的发展脉络来看，最早的鸭溪窖酒是在当时的"雷泉酒"和"荣华酒"的基础上发展起来的，素有"次茅台"之美称，当时的白酒应以酱香型口感为主，同时，应该还有董香型酒的工艺在其中。到了七八十年代，鸭溪酒厂生产的白酒被定位为浓香型。本人曾与几位资深藏友品鉴了一瓶80年代初"凉亭牌"鸭溪窖酒，该酒酒色微黄、陈香优雅、有药香、酒体醇厚、回味悠长，我与几位藏友均认为这是一款极具地方特色的浓香型白酒，不仅如此，在风格上还同时具有董香和酱香型白酒的特点，是一款难得的好酒。可惜20世纪90年代中后期，中国白酒市场风起云涌，鸭溪酒厂出现了严重的经营危机，逐渐从消费者视野中消失。

70

80 年代"凉亭牌"鸭溪窖酒

藏 收藏指数：★★★★☆

¥ 参考价格：4000 元

1.1 万元（2021 年 5 月）

图中该酒初看与前页鸭溪窖酒类似，但该酒注册商标已改为图案加文字的"凉亭牌"，厂名改为"贵州省遵义鸭溪窖酒厂"，因此，生产年份要晚于前页中的鸭溪窖酒。

71

1984 年鸭溪窖酒

藏 收藏指数：★★★☆☆

¥ 参考价格：1800 元

3800 元（2021 年 5 月）

图中玻璃异形瓶塑盖鸭溪窖酒为 250 毫升，厂名为贵州省遵义鸭溪窖酒厂。此瓶型为 80 年代至 90 年代鸭溪窖酒的一种典型瓶型。

72

1989 年"鸭溪牌"鸭溪窖酒

▦ 收藏指数：★★★☆☆

¥ 参考价格：1400 元

3000 元（2021 年 5 月）

　　图中玻璃瓶金属旋盖"鸭溪牌"鸭溪窖酒，酒度数及容量为后来贴标，该酒产于 1989 年，厂名为贵州省遵义鸭溪窖酒厂。本人品鉴过该酒，酒色微黄，窖香浓郁，诸香协调，陈味突出，略带药香，回味悠长，是贵州浓香型白酒之典范，是一款口感较好的好酒。

73

1994 年"鸭溪牌"鸭溪窖酒

▦ 收藏指数：★★☆☆☆

¥ 参考价格：900 元

2000 元（2021 年 5 月）

　　金属旋盖鸭溪窖酒为 90 年代的产物，该酒瓶标上标注有配料、含量、酒精度数以及产品标准代号，在市场上较为常见，属于一款喝品酒。

74

1987 年"鸭溪牌"鸭溪老窖

藏 收藏指数：★★★☆☆

¥ 参考价格：1600 元

　　　　　　3000 元（2021 年 5 月）

75-77

1986 年鸭溪大曲（图左）

藏 收藏指数：★★★☆☆

¥ 参考价格：1800 元

　　　　　　3400 元（2021 年 5 月）

1988 年"鸭溪牌"
鸭溪大曲（图中）

藏 收藏指数：★★★☆☆

¥ 参考价格：2000 元

　　　　　　3600 元（2021 年 5 月）

1986 年鸭溪大曲（图右）

藏 收藏指数：★★★☆☆

¥ 参考价格：1800 元

　　　　　　3400 元（2021 年 5 月）

贵州
习水大曲

78

1970 年左右"红卫牌"习水大曲

📇 收藏指数：★★★★★

💴 参考价格：5 万元

稀缺（2021 年 5 月）

习水大曲始名"红卫白酒"，于 1967 年投产，酒厂于"文革"期间更名为"红卫酒厂"，生产的习水大曲注册商标为"红卫牌"。1972 年，贵州省习水县红卫酒厂更名为"贵州省习水酒厂"。图中该酒为更名前的习水大曲，在收藏界非常稀少，被誉为堪比茅台的极品藏酒。该酒封膜类似 70 年代的茅台封膜，膜较脆，很容易崩裂。

贵州 习水大曲

习水大曲产于贵州省习水县。习水在明清两代原属仁怀县，酿酒历史悠久。该酒厂址距离茅台镇仅 50 公里，与国家名酒古蔺郎酒厂隔河相望，共饮一江水。

新中国成立后，人民政府利用该地优良的自然条件，1956 年曾建贵州郎酒厂生产酱香型回沙郎酒，"三年自然灾害"时期酒厂生产中断。1960 年初由一位回乡知识青年和三位农民给区供销社开办酒坊，酿玉米白酒就地供应。在酿酒的过程中，人们意识到该地气候适宜、水土良好、盛产高粱，具有良好的酿酒条件，于是多次到郎酒厂、泸州大曲酒厂取经，博采众家之长，经反复探索、试验、改进，终于在 1966 年试制成功并于次年投产，始名"红卫白酒"，后更名为"习水大曲"，而当时酒厂也由县革委转为"国营"。"文革"时期，酒厂更名为"红卫酒厂"，并于 1972 年正式更名为"习水酒厂"。

习水大曲酒无色透明，窖香浓郁，绵甜爽净，香味协调，余味悠长。采用优质高粱，以小麦制成中温大曲为糖化发酵剂，采用混蒸混烧传统工艺，经续糟混蒸、人工老窖发酵、双轮底糟、回酒发酵、缓慢蒸馏、量质摘酒、分级贮存、勾兑等工艺酿成。

作为贵州酒类的后起之秀，习水大曲于 1979 年被命名为贵州省优良产品，1980 年再次被评为优质产品，1984 年被评为商业部优质酒，1985 年、1988 年获商业部优质产品金爵奖。根据感官风格与理化质量，习水大曲分为"飞天牌"习水大曲，专供出口外销以及内销的"二郎滩牌"、"习水牌"习水大曲和习水二曲三个等级。除二曲外，它们都是一种原料同种工艺生产的产品。早期的习水大曲采用"红卫牌"注册商标，后改为"二郎滩牌"，1986 年后，开始用"习水牌"注册商标。

除习水大曲外，习水酒厂还生产有酱香型白酒—习酒。习酒是贵州省习水酒厂继浓香型习水大曲声名大振以后，创制的大曲酱香型名优酒。1976 年，当时的习水酒厂决心恢复和发展已经中断十多年的回沙郎酒，开始组织力量试制，采用四高的工艺特点：高温制曲、高温堆积、高温发酵、高温蒸馏，并最终获得成功。1983 年习酒问世，该酒微黄透明，酱香突出，幽雅细腻，香味协调；酒体丰满醇厚，回味悠长，空杯留香持久；一经面市，就获得了一系列的荣誉：1984 年被评为贵州省优秀新产品；1986 年获贵州省名酒金尊奖；1988 年在第五届全国评酒会上被评为国家优质奖银质奖。习酒的注册商标为"习牌"。

1998 年，当时的贵州习酒股份有限责任公司被茅台酒厂吞并，挂牌成立了中国贵州茅台酒厂（集团）习酒有限责任公司。

79

80 年代初"二郎滩牌"习水大曲

🏛 收藏指数：★★★★☆

🉐 参考价格：4000 元

　　　　　1 万元（2021 年 5 月）

　　1981 年左右，习水大曲开始使用"二郎滩"牌字样及图案的注册商标，在此之前的注册商标，采用的是帆船图案，没有"二郎滩"三字。该商标沿用至 80 年代中期，之后改为"习水牌"。该酒在当时的厂名为"国营贵州省习水酒厂"。

80

1986 年"习水牌"习水大曲

🏛 收藏指数：★★★☆☆

🉐 参考价格：2500 元

　　　　　7800 元（2021 年 5 月）

　　自 1986 年左右开始，习水大曲开始使用"习水牌"注册商标，其图案与"二郎滩牌"注册商标中的帆船图案类似，但图案上文字为"习水牌"。此种类型的习水大曲至 20 世纪 80 年代末便不再生产。该时期厂名为"国营贵州省习水酒厂"。

81

1989 年"习水牌"

收藏指数：★★★☆☆

参考价格：1500 元

3400 元（2021 年 5 月）

图中的习水大曲采用图中的玻璃瓶型及塑盖，在瓶标上标有度数（57 度）及容量（500 毫升），此时该酒的厂名为"贵州省习水酒厂"。习水大曲于 1984 年被评为商业部优质酒。1985 年、1988 年获商业部优质产品金爵奖，该酒为本人较为喜欢的一款喝品级老酒。

82

1993 年"习水牌"习水大曲

收藏指数：★★☆☆☆

参考价格：800 元

1500 元（2021 年 5 月）

图中的习水大曲酒采用异形玻璃扁瓶、金属旋盖，由贵州省习水酒厂生产，该酒酒标上标注有酒精度数及配料。

83-85

1996 年 6 月 8 日 "习水牌" 习水大曲 (图左)

藏 收藏指数：★★☆☆☆

¥ 参考价格：800 元

1600 元（2021 年 5 月）

1996 年 12 月 11 日 "习水牌" 习水大曲 (图中)

藏 收藏指数：★★☆☆☆

¥ 参考价格：800 元

1600 元（2021 年 5 月）

1999 年 12 月 11 日 "习水牌" 习水大曲 (图右)

藏 收藏指数：★★☆☆☆

¥ 参考价格：700 元

1200 元（2021 年 5 月）

　　图片中的三瓶习水大曲由左至右可使我们看到习水大曲酒酒厂变迁的大致脉络，图左为 1996 年 6 月产习水大曲，当时的厂名为"贵州习酒总公司"（原贵州省习水酒厂）；中图为同年 12 月份贵州习酒股份有限公司产习水大曲；图右为中国贵州茅台酒厂（集团）习酒有限责任公司于 1999 年生产的习水大曲。

86

1985 年习酒

🏺 收藏指数：★★★★☆

¥ 参考价格：3800 元

　　　　7800 元（2021 年 5 月）

　　习酒是习水酒厂继习水大曲在市场获得成功后推向市场的酱香型白酒，该酒于 1983 年问世，于 1984 年被评为贵州省优秀新产品；1986 年获贵州省名酒金尊奖。

87

1991 年"习牌"习酒

🏺 收藏指数：★★★☆☆

¥ 参考价格：2000 元

　　　　4800 元（2021 年 5 月）

　　习酒于 1988 年在第五届全国评酒会上被评为国家优质奖银质奖，此后习水酒厂开始生产带国优银质图章的习酒，瓶型及封口等保持不变。本人在品鉴过该酒后，认为其口感丝毫不逊色于同年份的茅台酒，是一款性价比极高的喝品级陈年白酒。

88

1997 年贵州省习水酒厂

藏 收藏指数：★★★☆☆

¥ 参考价格：6000 元

2.4 万元（2021 年 5 月）

图中的五星礼盒装习酒，在市场上较为少见。

89

1985 年"飞天牌"习水大曲

藏 收藏指数：★★★★☆

¥ 参考价格：3800 元

5200 元（2021 年 5 月）

外销的习水大曲采用的是贵州粮油食品进出口公司的"飞天牌"注册商标，这个出口商标曾被"茅台""董酒""鸭溪窖"等酒使用。飞天牌习水大曲美观高档，在市场上较为少见。该酒为当时酒厂最优质的酒灌装出口，是当时习水大曲最为高端的一款酒。

90

80 年代"飞天牌"习酒

中国粮油食品进出口公司(外销)

📦 收藏指数：★★★★☆

💰 参考价格：4000 元

8000 元（2021 年 5 月）

91

1992 年"习水牌"习酒

中国贵州省习水酒厂(外销)

📦 收藏指数：★★★★☆

💰 参考价格：2000 元

5800 元（2021 年 5 月）

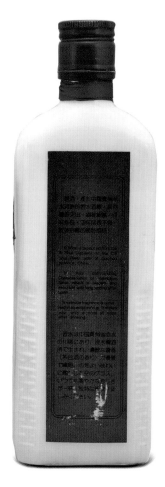

92

1985 年习水二曲

藏 收藏指数：★★★☆☆

¥ 参考价格：3000 元

　　　　　　4200 元（2021 年 5 月）

93

1995 年习水特曲

藏 收藏指数：★★☆☆☆

¥ 参考价格：800 元

　　　　　　1500 元（2021 年 5 月）

河北
刘伶醉

94

70 年代 保定大曲

藏 收藏指数：★★★★★
¥ 参考价格：2 万元

稀少（2021 年 5 月）

　　河北徐水，以晋人刘伶常与友人畅饮之轶事闻名。刘伶醉酒厂建厂于上世纪五十年代，七十年代初开始推出"保定大曲"。图中保定大曲产于七十年代初，其瓶标上印有春风绿野、耕田生产的图案，是非常鲜明的时代印记。

河北 刘伶醉

徐水，古遂城，相传是竹林七贤之一刘伶经常饮酒的地方。放荡不羁、独立俗世的刘伶在七贤中与众不同，一段刘伶醉酒，不仅是流传千年的经典故事，更是北方人喜闻乐见的评剧。不仅如此，刘伶之《酒德颂》，亦值得一读，插科打诨、得意恍惚、逍遥肆意，无怪乎刘伶会被称为"天下第一酒鬼"。

徐水因有刘伶之醉酒，幸得刘伶醉酒。刘伶醉酒，原河北省徐水县酒厂产品，其始创于公元 1126 年金元时期的刘伶醉烧锅，至今已连续酿酒近千年，是中国最早的蒸馏酒发源地之一。

刘伶醉烧锅，即 1948 年徐水解放前的"润泉涌"烧锅，地处徐水旧城南门里，旧时又被人称"南门里"烧锅，或"南烧锅"。在近千年的历史发展中，润泉涌烧锅也一直由私人经营。

1948 年 7 月，地方政府将"润泉涌"私人烧锅收归国有，称"徐水县制酒厂"。1950 年，保定地区行署以徐水县制酒厂为中心厂，联合附近安国、涿县等酒厂，组建保定地区行署酿酒总厂，仍称"徐水县制酒厂"。时光荏苒，酒厂历经"保定地区徐水县制酒厂""河北省徐水县刘伶醉酒厂""河北刘伶醉酒厂"等几番更名，直至现在的"刘伶醉酿酒股份有限公司"；其酒厂产品的注册商标亦有变换：根据资料记载——1948 年前，刘伶醉并未注册商标，而是一直以"润泉涌"酒号名义销售散装白酒。1950 年前后，开始以"萌芽"商标生产萌芽酒。1952 年，开始使用"酒德亭牌"商标。1960 年前后，停止使用"萌芽"标识，开始正式注册"酒德亭"商标。1971 年，酒厂开始注册使用"刘伶"商标，并用于内销酒，外销品则使用"青竹"商标。这样的资料记载尽管与本人手中藏品稍有出入（例如，前面提到的保定大曲采用的注册商标便是一座大桥图案），但大体反映了刘伶醉酒在商标和厂名上的历史变迁。

刘伶醉酒厂的白酒系列产品均属于浓香大曲酒，采用传统老五甑工艺，经泥池老窖、固态、低温、长期发酵、缓火蒸馏、量质摘酒、分级贮存。早期酒厂生产的产品，除刘伶醉、保定大曲之外，还有徐水原酒、刘伶头曲、刘伶大曲以及配置药酒九九还童和贵妃醉酒。

95

70年代"酒德亭牌"徐水原酒

- 收藏指数：★★★★☆
- 参考价格：稀少

　　徐水原酒，应是刘伶醉酒厂生产的第一批产品。之后的保定大曲则是在徐水原酒的工艺基础上酿成；而保定大曲的传统加上刘伶典故之佳话最终成就了后来的刘伶醉酒。早期的徐水原酒，度数高达65度，被誉为"香气醇浓、入口甜、前劲柔、后劲大、饮后有余香"。

96

80年代初"青竹牌"刘伶醉酒（玻璃瓶）

- 收藏指数：★★★★☆
- 参考价格：4500元
　　　　　　4600元（2021年5月）

　　上世纪七十年代初，刘伶醉酒在国内使用"刘伶"牌注册商标，而出口"刘伶醉"则使用中国粮酒食品进出口公司河北省分公司统一注册的"青竹"商标。值得一提的是，"青竹"牌注册商标并非仅刘伶醉酒使用，当时还有遂州二酒厂生产的醇醪酒、遂城酒厂生产的古遂醉等酒均采用"青竹"牌注册商标用于出口。

97

80 年代"青竹牌"外销
刘伶醉酒（白瓷瓶）

■ 收藏指数：★★★★☆

■ 参考价格：3000 元

　　　　　3200 元（2021 年 5 月）

　　1974 年，刘伶醉开始生产一斤装白瓷瓶刘伶醉酒。采用方形陶瓷瓶并使用"青竹"牌注册商标。瓷瓶背面烧制有"刘伶醉酒传千载，馨逸芳酎古来稀"诗句，两侧分别配有竹、松古画。该酒具有较高的艺术鉴赏价值。

98

80 年代末"刘伶牌"刘伶醉酒

🏺 收藏指数：★ ★ ★ ☆ ☆

🀫 参考价格：1500 元

2000 元（2021 年 5 月）

　　从本人收藏的刘伶醉酒的厂名变迁可见：上世纪八十年代后期，徐水县酒厂更名为"河北省徐水县刘伶醉酒厂"，时至 1993 年前后，酒厂亦曾采用"国营河北省徐水县刘伶醉酒厂"之名。

99

90 年代末"刘伶牌"刘伶醉酒

🏛 收藏指数：★ ★ ★ ☆ ☆

💰 参考价格：1000 元

　　　　1200 元（2021 年 5 月）

1987 年，刘伶醉酒获得"河北省省酒"称号。1996 年，河北长天集团兼并刘伶醉酒厂。老牌国有企业正式走上民营管理之路。

河北
衡水老白干

100

70 年代衡水老白干酒

收藏指数：★★★★★

孤品

　　70 年代的衡水老白干酒采用的是当时较为典型的玻璃啤酒瓶型、压盖，酒标上标注有度数为 67 度，当时厂名名为"河北省衡水制酒厂"。"衡水牌"老白干酒作为老白干香型的杰出代表，受到众多陈年白酒藏家的青睐，图中该酒为目前为止收藏市场上发现的最早一瓶酒。

河北 衡水老白干

衡水，古名桃县，属冀州，东汉时代就已经有酿酒业。到了明代嘉靖三十二年（1553 年），衡水县城有酒店十八家。在这些酒店中，"德源涌"酒店名声最大，该店所酿之酒，被誉为"真洁、好干"。经长期传颂，遂取名"老白干酒"："老"指的是生产历史古老，"白"指的是酒体无色透明，"干"指的是用火烧后水分所剩无几。

1946 年，冀南行署地方国营衡水制酒厂在仅剩的德源涌酒坊等十六家酒坊基础上建成，恢复生产老白干。1950 年酒厂新建，更名为"华北酒业专卖事业公司河北分公司衡水专卖处衡水制酒厂"；1952 年，产销分开，厂名更改为"河北省人民政府工业厅酒业生产管理局衡水制酒总厂"；后经数次更名，于 1968 年，改厂名为"衡水地区制酒厂"。不过，厂名的变更，在衡水老白干的酒标上体现则变化并不明显。根据本人收藏的实物，70 年代，酒厂名为"河北省衡水制酒厂"，该厂名一直延续到 90 年代上半期（初步判定应为 1993 年左右），后更名为"衡水老白干酒厂"，此外，90 年代，酒厂名称还出现过"河北省衡水地区制酒厂"。

衡水老白干自 1963 年被评为河北省地方名酒以来，多次被评为省优产品。1985 年获河北省名优金杯奖。58 度的特制衡水老白干酒自 1979 年来被评为历届河北省名牌产品，1984 年获轻工部举办的全国酒类质量大赛铜杯奖，1988 年，与 38 度精制老白干分获首届中国食品博览会金奖。

老白干酒无色透明，清香纯正，入口醇厚，绵甜爽净，饮后余香悠长，以热饮为宜。在酿造工艺上，它采用优质高粱，以精选小麦制成的中温大曲为糖化发酵剂，取地下泉水酿造，采用传统混蒸混烧老五甑工艺、经配料混蒸、地缸发酵十四天，酒头回沙、缓慢蒸馏、分段摘酒、分级入库、勾兑调味等工序酿成。

作为老牌的历史名酒，衡水老白干一直坚持其地域风格及酿造工艺，并最终形成了以它为代表的老白干香型，成为中国白酒十三个香型之一。

早期衡水制酒厂出品
65 度衡水白酒

101

1984 年衡水老白干酒

藏 收藏指数：★★★★☆

¥ 参考价格：4800 元

5000 元（2021 年 5 月）

　　80 年代的衡水老白干采用的是玻璃圆瓶型、压盖，酒标图案类似 70 年代。尽管衡水老白干酒没有获得国优，其特制衡水老白干酒在轻工业部举办的酒类质量大赛上也仅获得铜杯奖，但这并不妨碍该酒作为一款老牌名酒在收藏界得到众多藏友的关注。

102

1988 年衡水老白干

藏 收藏指数：★★★☆☆

¥ 参考价格：3000 元

3400 元（2021 年 5 月）

　　1985 年，衡水老白干获得河北省酒类大赛优质奖，该酒为得奖后生产的衡水老白干酒。

103-105

1992 年老白干酒

🏛 收藏指数：★★★☆☆

¥ 参考价格：1400 元

　　　　　　1800 元（2021 年 5 月）

1992 年衡水老白干

🏛 收藏指数：★★★☆☆

¥ 参考价格：1000 元

　　　　　　1600 元（2021 年 5 月）

　　上图该酒为玻璃瓶、塑盖、67 度、520 毫升，除此之外，酒标上还标注有配料，该酒当时的厂名为"河北省衡水地区制酒厂"。

1993 年衡水老白干

🏛 收藏指数：★★★☆☆

¥ 参考价格：1000 元

　　　　　　1600 元（2021 年 5 月）

　　上图的金属旋盖衡水老白干酒当时的厂名为"河北省衡水制酒厂"，度数仍为 67 度，容量为 500 毫升。

106

1994 年衡水老白干酒

■ 收藏指数：★★☆☆☆

■ 参考价格：800 元

　　　　　　1400 元（2021 年 5 月）

　　图中的玻璃瓶、金属旋盖衡水老白干酒于 1994 年由河北衡水老白干酒厂生产，酒度数为 55 度，容量为 500 毫升。

107

1995 年老白干酒

■ 收藏指数：★★☆☆☆

■ 参考价格：800 元

　　　　　　1500 元（2021 年 5 月）

　　图中白玻璃瓶、金属旋盖衡水老白干酒为 67 度，在该酒的颈标上标有"中国名优酒博览金奖字样"。该奖项于 1992 年获得，衡水老白干酒厂为当时河北省白酒企业唯一获得该奖项的酒厂。

108-110

80 年代中期特制老白干 (图左)

藏 收藏指数：★★★☆☆

¥ 参考价格：2000 元

2400 元（2021 年 5 月）

80 年代特制老白干 (图右)

藏 收藏指数：★★★☆☆

¥ 参考价格：2000 元

2800 元（2021 年 5 月）

1993 年特制衡水老白干 (图中)

藏 收藏指数：★★☆☆☆

¥ 参考价格：900 元

1100 元（2021 年 5 月）

　　图为一组 80 年代至 90 年代生产的特制衡水老白干，该酒为 58 度，自 1979 年来被评为历届河北省名牌产品，1984 年获轻工部举办的全国酒类质量大赛铜杯奖。

111-113

80年代一组系列酒

双浆液（图左）

🏛 收藏指数：★★★☆☆

稀少

衡水烧酒（图中）

🏛 收藏指数：★★★☆☆

¥ 参考价格：3000 元

3400 元（2021 年 5 月）

玉壶冰（图右）

🏛 收藏指数：★★★☆☆

¥ 参考价格：3500 元

4000 元（2021 年 5 月）

河北
迎春酒

114

1980 年左右"高峰牌"迎春酒

藏 收藏指数：★★★★☆

珍稀

迎春酒为 1975 年参照贵州茅台酒厂工艺酿制生产的酱香型白酒。图中"高峰牌"迎春酒产于 1980 年左右，当时的厂名为河北省廊坊酿酒厂。"高峰牌"注册商标为迎春酒早期使用的注册商标，该酒在市场上较为稀少。

河北 迎春酒

迎春酒产于河北廊坊市，廊坊市原为东安县、安次县，该地地处龙河、凤河之间，春天来临，百花争艳，宜于踏青赏春，故以此取酒名。廊坊酿酒历史悠久，根据清乾隆十四年《东安县志》所述，当地有春分酿酒、六月六踩曲、重阳节酿酒等风俗，酿酒风气颇为浓郁。1917年，县内制造烧酒者十二三户。

1949年，将县内的烧锅改建为"安次县酿酒厂"，后更名为"河北省廊坊酿酒厂"，并于其后更名为"廊坊市酿酒厂"。迎春酒，是在我国著名白酒专家周恒刚先生的亲自指导下，参照贵州茅台酒厂的生产工艺，于1974年在廊坊研制成功的酱香型白酒，并于次年投产。

迎春酒一经面世，获得好评如潮：1979年被评为河北省优质酒，1984年获轻工部酒类评比大赛银杯奖；1979年、1984年、1988年分别在第三届、第四届、第五届全国评酒会上被评为国家优质酒银质奖，因此可以说是当之无愧的名酒。迎春酒酒色微黄，清澈透明，酱香突出，辅有焦香，香气细腻，酒体醇厚，浓而不酽，低而不淡，柔绵适口，回味悠长，被广大消费者誉为"北方小茅台"。在酿造工艺上，它以优质高粱为原料，以麸皮和优良菌种制成麸曲为糖化发酵剂；采用茅台酒工艺，经清蒸混烧、发酵池外堆积生香、多微共酵、回酒发酵、蒸馏取酒、分质贮存、勾兑调味等工序酿成。

迎春酒早期使用的注册商标为"高峰牌"，在1980年左右逐渐过渡为"迎春牌"。1992年，廊坊酒厂开始使用"秉春牌"注册商标，通常在酒盒上标明"秉春牌"而在瓶标上标明为"迎春牌"。"青竹牌"为迎春酒出口产品的使用商标，这些外销酒自80年代开始出口。

早期河北省廊坊酿酒厂出品的"高峰牌"高粱白酒及红粮大曲

115

80 年代 "迎春牌" 迎春酒

藏 收藏指数：★★★☆☆

¥ 参考价格：4500 元

　　　　　　5000 元（2021 年 5 月）

　　迎春酒于 1979 年、1984 年、1988 年在第三届、第四届、第五届全国评酒会上均被评为国家优质酒银质奖；因此，该酒颈标上标有"中国优质酒"字样。该酒注册商标为"迎春牌"，是继"高峰牌"注册商标后，迎春酒一直延续使用的注册商标。

116

80 年代中后期 "迎春牌" 迎春酒

藏 收藏指数：★★★☆☆

¥ 参考价格：3000 元

　　　　　　3800 元（2021 年 5 月）

　　图中的"迎春牌"迎春酒，外观类似于上图的迎春酒，但该酒瓶标上标注有配料、产品标准代号、酒度、净含量等信息，因此生产时间则比之前的稍晚。

117

80年代中后期"迎春牌"迎春酒

■ 收藏指数：★ ★ ★ ☆ ☆

¥ 参考价格：3500元

3800元（2021年5月）

　　白瓷瓶"迎春牌"迎春酒为80年代中后期产品，从背标上看，此时的迎春酒尚未获得1988年国家评酒会优质奖，因此，推断其为1984年至1988年期间的产品。

118

80年代中后期"迎春牌"迎春酒

■ 收藏指数：★ ★ ★ ☆ ☆

¥ 参考价格：2200元

3000元（2021年5月）

　　图中的玻璃瓶塑盖迎春酒为80年代中后期产品，瓶标上标有酒度（47度）、净含量（500毫升）、配料等信息。迎春酒虽然荣获三届国优，但由于该酒产量不大，存世的迎春陈年白酒并不多，物以稀为贵，因此在收藏市场上价格偏高。

119

80年代末"迎春牌"迎春酒

藏 收藏指数：★★★☆☆

¥ 参考价格：1500元

3000元（2021年5月）

陶罐瓶迎春酒在瓶正身上标有55度及500毫升的信息。该酒在市场上较为少见。

120

80年代中后期"迎春牌"迎春酒

藏 收藏指数：★★★☆☆

¥ 参考价格：2600元

3000元（2021年5月）

图中的黄瓷瓶迎春酒，酒度为55度，容量为500毫升，该酒酒瓶造型古雅、具有80年代瓷器酒瓶的典型特征。该酒具一定的艺术欣赏价值。

121

1990 年 8 月 "青竹牌" 迎春酒

藏 收藏指数：★★★☆☆

¥ 参考价格：3000 元

3400 元（2021 年 5 月）

"青竹牌" 是迎春酒用来外销的注册商标，该酒经中国粮油食品进出口公司监制，值得注意的是，青竹牌注册商标仅在该酒的酒盒上有所体现，其酒瓶上的注册商标及厂名仍然与内销酒保持一致。"青竹牌" 为当时河北省外销出口的统一注册商标。

122

1993 年 "迎春牌" 迎春酒

藏 收藏指数：★★☆☆☆

¥ 参考价格：1500 元

2200 元（2021 年 5 月）

90 年代的迎春酒采用金属铝旋盖，瓶标上标注有酒度（54 度）、净含量（500 毫升）、标准代号以及配料。此外，该酒的酒标上还有迎春酒连续三届获得国优酒的图章。

河北

丛台酒

注册 商标

滏河牌

邯郸

大麹酒

HANDAN DAQUJIU

六十五度

河北省邯郸市制酒厂出品

123

70 年代 "滏河牌" 邯郸大曲酒

🈷 收藏指数：★★★★☆

珍稀

　　邯郸酒厂最早生产的白酒为邯郸大曲酒，图中该酒使用的是早期注册商标"滏河牌"，此时的酒厂名为"河北省邯郸市制酒厂"。该酒瓶标设计质朴简单，体现了当年的时代气息。

河北 丛台酒

丛台酒产于河北邯郸市——战国时期赵国的首都。公元前 368 年，赵国敬侯由晋阳迁都邯郸，该地成为黄河北岸最大的商业中心。当时，列国有建台的风气。赵武灵王时为观看军事操演和歌舞而兴建了丛台。丛台建筑结构独特，装饰优美，至今巍峨矗立，成为当地有名的名胜古迹，丛台酒也由此而得名。

邯郸酿酒历史悠久，在该地出土的大量春秋战国时期的酒具便是例证。民国二十八年（1939 年），《邯郸县志》写道"酒务泉在城西十里，其水甘冽，昔赵王于此酿酒"。"赵酒厚鲁酒薄而邯郸围"的典故就发生于此。唐代诗人李白、杜甫、白居易等人都曾来邯郸饮酒赋诗。明清时期，邯郸所产之酒更是一度成为贡酒。清光绪三十三年（1908 年），邯郸城内有贞元增等 15 家酒坊，其中以贞元增所产的酒较为有名。1945 年，在贞元增等 15 家烧锅的基础上，成立了地方酒厂，并加入晋冀鲁豫边区贸易总公司，沿用传统工艺，生产邯郸大曲酒。进入 60 年代，酒厂奔赴四川泸州曲酒厂学艺，生产出来的白酒较快地在河北市场取得了成功。

丛台酒以高粱为原料，小麦制成高温大曲为糖化发酵剂，引酒务泉水为酿造用水，采用传统老五甑工艺，经配料蒸煮、老窖发酵、回醅回酒（粮、醅配比上，醅大于粮；发酵窖为人工老窖，发酵期六十至九十天）、小气蒸馏、量质摘酒、分级贮陈、勾兑等工序酿成。按照此工艺酿造出的丛台酒无色透明，芳香浓郁，入口绵软，落口甜净，回味悠长。

丛台酒于 70 年代在邯郸大曲酒的基础上研制而成，当年被评为河北名酒。翻阅史料可见，早期邯郸市酒厂特有的"人工培养老窖"的经验也经泸州酒厂以及五粮液酒厂借鉴。1977 年，在华北白酒技术组品评会上，专家们一致认为"丛台酒香、绵、净，很有发展前途"，1978 年，丛台酒在河北省科技大会上获科学进步奖，1979 年一举跃入了河北名酒之首，并连续八年蝉联河北名酒和河北优质酒的称号；1984 年，轻工部全国酒类质量大赛中荣获银质奖杯；1979 年、1988 年在第三届、第五届全国评酒会上被评为国家优质酒银质奖。

早期"丛台牌"65 度红粮大曲酒，由此可初步推断丛台酒的酒名是由其注册商标演变而来的。

早期邯郸市制酒厂生产的"滏河牌"白干酒

早期邯郸市制酒厂生产的"滏河牌"青梅酒

124

70 年代 "滏河牌" 老白干酒

藏 收藏指数：★★★★☆

¥ 参考价格：5000 元

稀少（2021 年 5 月）

　　图中该酒使用 "滏河牌" 注册商标，为老白干香型，当时酒厂厂名为 "河北省邯郸市制酒厂"。该酒在收藏市场极为少见。

125

1988 年 "丛台牌" 丛台酒

藏 收藏指数：★★★☆☆

¥ 参考价格：1800 元

2600 元（2021 年 5 月）

　　"丛台牌" 注册商标于六七十年代便在红粮大曲等酒上有所使用（见正文中的酒标），因此我大胆地推断丛台酒之得名，应从 "丛台牌" 注册商标过渡而来。图中该酒为玻璃瓶、塑盖，酒度为 53 度，容量为 500 毫升。

126

1991年"丛台牌"丛台酒

藏 收藏指数：★★☆☆☆

羊 参考价格：900元

　　　　　　1500元（2021年5月）

　　丛台酒先后于1979年、1988年在第三届、第五届全国评酒会上被评为国家优质酒获银质奖。该酒是一款口感较好的喝品酒。

127

90年代中期"丛台牌"丛台酒

藏 收藏指数：★☆☆☆☆

羊 参考价格：600元

　　　　　　900元（2021年5月）

　　1994年，丛台酒厂经股份制后成立丛台酒业股份有限公司，该酒为改制后生产的丛台酒，度数为49度。

128-130

80年代中期"丛台牌"丛台酒

🏺 收藏指数：★★★☆☆

💴 参考价格：1800元

2200元（2021年5月）

　　1984年，丛台酒在轻工部全国酒类质量大赛中荣获银质奖杯。图中的陶罐瓶塑盖丛台酒为当时的河北邯郸酒厂生产，瓶上挂有轻工部优质产品的奖章。

1988年"丛台牌"丛台头曲（皇封）（图中）

🏺 收藏指数：★★★☆☆

💴 参考价格：1800元

2200元（2021年5月）

1988年"丛台牌"丛台头曲（珍品）（图右）

🏺 收藏指数：★★★☆☆

💴 参考价格：1800元

2200元（2021年5月）

131-133

80 年代中后期"赵国春牌"赵国春（图左）

藏 收藏指数：★★★☆☆

¥ 参考价格：2000 元

2800 元（2021 年 5 月）

1985 年酒人归（图右）

藏 收藏指数：★★★☆☆

¥ 参考价格：2200 元

3000 元（2021 年 5 月）

80 年代"丛台牌"黄粱梦酒（图中）

藏 收藏指数：★★★☆☆

¥ 参考价格：2000 元

2800 元（2021 年 5 月）

河北

燕潮酪

134

80 年代 "燕潮酪牌" 燕潮酪

- 收藏指数：★★★★☆
- 参考价格：3000 元

  5000 元（2021 年 5 月）

　　燕潮酪酒于 1979 年、1984 年、1988 年连续三届中国评酒会上获得优质酒称号，图中该酒为获得 1984 年中国优质酒后所生产，瓶标上贴有带优质图章的颈标。该酒厂名为"河北省三河县燕郊酒厂"。

河北 燕潮酩

　　燕潮酩产于河北三河县燕郊酒厂，因厂址坐落在燕山南麓、潮白河东岸，故此得名。清代三河县酒业甚为发达。1917 年，有烧锅九处，每年约产酒 60 万斤。三河燕郊酒厂始建于清朝末年的"德泉永烧锅"。1950 年，政府在燕郊镇一个小烧锅的基础上，建燕郊酒厂，接收为地方国营企业。

　　麸曲浓香型口感的燕潮酩是 1974 年在我国酿酒专家周恒刚先生的亲自指导下，以优质红粮为原料，采用传统工艺和现代科学酿造技术相结合、清蒸清烧、适期贮存、定期品评等新工艺研制而成，1976 年投入批量生产。自问世以来，一直以"窖香浓郁、清爽甘冽、绵甜柔净、回味悠长"等显著特点和独特风味受到广大消费者的肯定与赞誉，也获得了专业的认可：1977 年，燕潮酩酒在河北省酒类评比中获得第一。1987 年，被评为河北省优质产品。1984 年在轻工部举办的全国酒类质量大赛获银杯奖；1979 年、1984 年、1988 年，在第三届、第四届、第五届全国评酒会上被评为国家优质酒获银质奖。燕潮酩酒曾使用过"三燕牌""燕潮牌"以及"燕潮酩牌"注册商标，厂名曾使用过"河北三河县燕郊酒厂"以及"河北燕潮酩酒厂"。

"三燕牌"商标为早期燕潮酩酒厂使用的注册商标，当时的酒厂名为"三河县燕郊制酒厂"。

在使用"燕潮酩牌"商标前，酒厂曾使用过"燕潮牌"，当时酒厂名称为"三河县燕郊酒厂"。

135

80 年代"燕潮酩牌"燕潮酩

🏛 收藏指数：★★★★☆

¥ 参考价格：2800 元

　　　　　　3800 元（2021 年 5 月）

　　图中燕潮酩酒厂名为中国河北燕潮酩酒厂，值得一提的是，燕潮酩酒厂的名称较为混乱，经常出现瓶标上标明"河北燕潮酩酒厂"但瓶封口膜上印着"三河燕郊酒厂"的情况，因此，瓶标上的酒厂名称无法作为其断代的标准。

136

1986 年"燕潮酩牌"燕潮酩

🏛 收藏指数：★★★★☆

¥ 参考价格：2000 元

　　　　　　3200 元（2021 年 5 月）

　　图中燕潮酩酒为获得 1984 年中国优质酒称号后生产。

137

"燕潮酩牌"燕潮酩特制红粮曲酒

藏 收藏指数：★★★★☆

¥ 参考价格：3000 元

4000 元（2021 年 5 月）

　　根据图中该酒的瓶型及瓶标等细部特征，我认为图中该酒生产年份应该较早。该酒进行拍照处理时，我再三强调不要擦洗。尽管藏界普遍认为，藏酒需要品相，我对"品相"二字的定义则另有所见，尽管许多陈年白酒由于保存适当，流传至今洁净如新，但大部分陈年白酒之流传是偶然发生的。落满灰尘的陈年白酒更显示了岁月在其之上留下的印记，这种自然的历史痕迹，就是包浆。这好比在古董收藏里特别强调要保持一些老物件的原本样态一样，是对其历史之遗痕的最好见证。

138

80 年代后期"燕潮酩牌"燕潮酩

藏 收藏指数：★★★☆☆

¥ 参考价格：3000 元

3600 元（2021 年 5 月）

　　该酒瓶标上标有度数及容量，为燕潮酩酒1984 年获得国家优质酒称号后生产。

河南

张弓大曲

139

70 年代"火车头牌"张弓曲酒

藏 收藏指数：★★★★★

孤品

　　"火车头"牌注册商标是时代的产物，张弓酒在使用刘秀"勒马回头望张弓"的图案作为注册商标之前，使用的就是"火车头牌"注册商标。

河南 张弓大曲

张弓酒产于河南省宁陵县张弓镇。该镇素有"酒埠"之美誉，东汉初年已有酿酒业，所酿之酒曾为宫宴珍品。新中国成立前，张弓镇的曲酒酿造业已有了相当规模，但是受到官府敲诈以及行业间倾轧的限制，这一传统佳酿一直发展缓慢。新中国成立后，张弓镇数家酒厂由个体经营转向国家经营，由商丘地区酒类专卖公司派专员负责专卖工作。1956年，宁陵县通过了筹建张弓酒厂的决定，于1957年初进行选址筹建，建立了地方国营酒厂，并于1958年5月1日正式投产。

张弓酒无色透明、窖香浓郁、绵甜爽净、饮后余味绵长。因其口感极佳，曾获得多项国家级大奖。38度的张弓大曲酒于1984年在第四届全国评酒会上被评为国家优质酒银质奖。54度、38度、28度酒于1988年在第五届全国评酒会上均被评为国家优质酒银质奖。

张弓大曲采用当地产优质红高粱，以大麦、小麦制高、中温曲作糖化发酵剂，用纯净古泉井水为酿造用水。采用传统老五甑工艺与新技术相结合，以花生饼、菜叶、苹果、大曲粉等12种物质培养窖泥，改良旧窖池，经配料蒸煮、低温入池发酵、缓慢蒸馏、量质摘酒、分级贮存陈酿、勾兑调味等工序酿成。1981年，经国家工商行政管理总局批准，张弓酒厂将使用多年的旧式商标"火车头牌"改为刘秀"勒马回头望张弓"的图案。1985年，张弓的产品由散装全部改为盒装。1990年，酒度由54度改为53度。

张弓特曲是在大曲酒的传统工艺基础上，采用国家名酒厂的先进经验和现代科学方法酿制而成，其酒度数为58度，酒质较大曲酒更为醇和绵柔，窖香浓郁。该酒于1979年获得河南名酒称号，后于1984年获轻工部酒类质量大赛铜杯奖。

张弓酒一直以来坚持浓香型酒的传统酿造，在低度酒酿造技术上更是开创了历史先河，至今，张弓酒仍是豫酒中的一朵奇葩。

140

70 年代 "火车头牌" 革新泥池张弓大曲

藏 收藏指数：★★★★★

珍稀

　　在 20 世纪 70 年代末左右，国内许多酒厂的泥池都采用了新的工艺，因此被称为革新泥池，张弓酒此时生产的大曲酒也标注 "革新泥池" 字样。这个时候注册商标仍为 "火车头牌"，厂名为 "地方国营宁陵县张弓酒厂"。革新泥池张弓大曲酒在陈年白酒收藏市场上是非常热门的一款酒，具有一定的历史意义。

141

80 年代初 "张弓牌" 张弓大曲酒

藏 收藏指数：★★★★☆

¥ 参考价格：3200 元

　　　　　5000 元（2021 年 5 月）

　　1981 年，张弓酒厂将使用多年的旧式商标 "火车头牌" 改为刘秀 "勒马回头望张弓" 的图案。此时的厂名为 "河南宁陵张弓酒厂"。

142

80 年代后期 "张弓牌" 张弓大曲（中南海纪念）

藏 收藏指数：★★★☆☆

¥ 参考价格：2000 元

　　　　　3600 元（2021 年 5 月）

　　张弓牌张弓大曲于 1979 年、1984 年、1988 年连续三届全国评酒会获得中国优质奖称号，并于 1986 年获得河南省金龙杯奖。图中该酒为中南海纪念酒，为张弓大曲酒于 1986 年获得金龙杯奖后所产。

143

80 年代 "三乐牌" 张弓酒（外销）

藏 收藏指数：★★★★☆

¥ 参考价格：1600 元

　　　　　4000 元（2021 年 5 月）

　　80 年代张弓酒厂所产之白酒，国内主要有 "张弓大曲"、"张弓特曲" 等，使用 "张弓牌" 注册商标，外销酒于 1976 年经中国粮油食品进出口公司批准出口，采用 "三乐牌" 注册商标，名称统一为 "张弓酒"。值得一提的是，张弓酒厂于 20 世纪 70 年代解决了中国白酒的降度问题，因此被誉为中国低度酒之鼻祖。

144-146

1988 年"三乐牌"张弓酒（外销）

藏 收藏指数：★★★★☆

¥ 参考价格：1800 元

　　　　　　2200 元（2021 年 5 月）

　　图中"三乐牌"张弓酒为 80 年代末外销白酒，酒度为 38 度，由中国粮油食品进出口公司监制。"三乐牌"是河南省出口使用的统一注册商标。

80 年代初"张弓牌"张弓特曲（图中）

藏 收藏指数：★★★☆☆

¥ 参考价格：1500 元

　　　　　　2400 元（2021 年 5 月）

1987 年"张弓牌"张弓特曲（图右）

藏 收藏指数：★★★☆☆

¥ 参考价格：1500 元

　　　　　　2500 元（2021 年 5 月）

　　张弓特曲在张弓大曲酒的传统工艺基础上酿制而成，该酒具有张弓酒浓香型的典型风格，多次获得河南省优质酒称号，1984 年张弓特曲获得轻工部酒类质量大赛铜杯奖。

147-148

1993 年"张弓牌"张弓贡酒 (图左)

▨ 收藏指数：★★☆☆☆

¥ 参考价格：600 元

　　　　　　1100 元（2021 年 5 月）

1991 年"张弓牌"张弓粮液 (图右)

▨ 收藏指数：★★☆☆☆

¥ 参考价格：600 元

　　　　　　1100 元（2021 年 5 月）

河南
杜康

149

70 年代末 "古泉溪牌" 杜康酒

▨ 收藏指数：★★★★★

¥ 参考价格：6000 元

9000 元（2021 年 5 月）

　　20 世纪 70 年代，伊川杜康主要使用 "古泉溪牌"、"古泉牌" 等注册商标，后改用 "杜康牌" 商标。"古泉溪牌" 伊川杜康酒目前在市场非常稀少，具有极高的收藏价值。

河南 杜康

　　建安十三年，曹操在《短歌行》中写道："何以解忧，唯有杜康"。 杜康酒之美，从此便扬名天下；曹操的这句旷世名诗，说它是中国最早的广告语当之无愧。80 年代在全国范围内，有知名度的生产杜康酒的厂家主要有三个：一是河南省伊川县皇得地村的伊川县杜康酒厂，二是河南省汝阳县城北五十华里杜康村的汝阳县杜康酒厂，三是陕西省白水县杜康酒厂。这三家杜康酒厂有关"杜康"商标的使用权，也曾引起过不小的争议。1980 年，伊川杜康向工商部门申请注册，并于 1981 年经国家工商行政管理总局正式核准注册。当时的伊川县杜康酒厂与汝阳县杜康酒厂、陕西省白水县杜康酒厂分别签订了"杜康"牌商标使用许可合同，同意另两家酒厂使用"杜康"牌商标。但规定这三家不同的厂生产的杜康酒，应贴不同图案的标识，并注明各自的生产厂地和厂名以示区别。

　　80 年代，白水县杜康酒厂以生产清香型白酒为主；同样生产浓香型杜康酒的河南汝阳及伊川两县毗邻，曾同属一县，杜水、伊河穿流其境，水质优良，适宜酿酒。相传酿酒的发明者杜康曾在这一地区酿酒，两县均有遗迹可证明。故两县所酿之酒皆以杜康命名。

　　伊川位于伊河下游，相传是杜康酿酒遗迹。杜康厂坐落在九皋山、龙门山、凤山、虎山、古泉、酒泉、龙泉、虎泉、平泉、杜河、伊河这四山六泉二河之间，有独特的酿酒优势。1968 年，伊川县酒厂在县政府投资下建成，主要生产薯白酒和粮白酒；1971 年，伊川县酒厂抽调技术人员成立"恢复杜康酒调研组"，由祖传酿酒艺人整理挖掘传统工艺，年底试制出 59 度杜康酒。1972 年，伊川县酒厂开始批量生产杜康酒。1976 年，伊川县酒厂更名为"伊川杜康酒厂"。

　　伊川杜康酒在 90 年代以前一直颇受市场好评：1979 年它被评为河南省优质产品；1984 年获得轻工业部全国酒类质量大赛银杯奖，1986 年在河南省轻工系统举办的优质食品金龙杯大赛中，被列为全省五大名酒之首；1988 年，在第五届全国评酒会上被评为国家优质酒银质奖。20 世纪 70 年代，伊川杜康主要使用"古泉溪牌""古泉牌"注册商标，后改用"杜康牌"商标，与其他二厂共同长期使用。

　　汝阳，旧称伊阳，属汝州，当地有杜康祠、杜康仙庄、杜康河（杜水、康水）等古迹。1938 年前后，杜康村曾有数家酿酒烧锅酿制白酒，俗称杜康酒。1974 年，当地政府在杜康村建汝阳杜康酒厂，传承传统工艺，于 1975 年投产 60 度杜康酒，注册商标最初使用过"酒泉牌"，后使用"杜康牌"。汝阳杜康酒于 1983 年被评为河南省优质产品，1984 年获商业部优质产品称号，1985 年、1988 年获商业部优质产品金爵奖，1984 年、1988 年在第四届、第五届全国评酒会上被评为国家优质酒银质奖。

　　20 世纪 80 年代末的假酒风波以及两家企业长久以来对商标、专利、市场的争夺，给汝阳杜康以及伊川杜康都带来了无可挽回的损失，进入 90 年代中期，两厂经济效益一路滑坡，从此再也回不到鼎盛时期的局面。2003 年，伊川杜康破产，并被收购；而 2008 年，汝阳杜康也未能摆脱破产被收购的命运，成为一家股份制企业。2009 年，两家杜康公司战略重组为洛阳杜康控股有限公司。期待新杜康酒业能充分发掘杜康的历史酿造，迎来辉煌。

150-152

70 年代末"古泉溪牌"杜康酒（图左）

藏 收藏指数：★★★★★

¥ 参考价格：7000 元

稀少（2021 年 5 月）

80 年代"杜康牌"杜康酒（图中）

藏 收藏指数：★★★★☆

¥ 参考价格：2500 元

3400 元（2021 年 5 月）

80 年代"杜康牌"杜康酒（图右）

藏 收藏指数：★★★★☆

¥ 参考价格：1600 元

2200 元（2021 年 5 月）

白瓷瓶"古泉溪牌"杜康酒在市场上极为稀少。

1981 年，"杜康牌"注册商标由国家工商行政管理总局正式核准注册，并与汝阳杜康、白水杜康分别签订了"杜康牌"商标使用许可合同，从此揭开了三厂共同使用"杜康牌"商标的序幕。

153

80 年代"杜康牌"杜康酒

藏 收藏指数：★★★★☆

¥ 参考价格：2400 元

3400 元（2021 年 5 月）

　　图中的"杜康牌"杜康酒为玻璃瓶、压盖，产于 20 世纪 80 年代，该酒的厂名为"河南伊川杜康酒厂"。

154

1992 年"杜康牌"杜康酒

藏 收藏指数：★★☆☆☆

¥ 参考价格：900 元

1600 元（2021 年 5 月）

　　80 年代末 90 年代初是伊川杜康酒发展最为辉煌的时刻，图中的金属旋盖杜康酒于 1992 年生产，此时的厂名为"河南省伊川县杜康酒厂"。该酒是一款性价比比较高的喝品级陈年白酒。

155-157

70 年代末"古泉溪牌"杜康头曲（图左）

藏 收藏指数：★ ★ ★ ★ ★

¥ 参考价格：6000 元

　　　　　稀少（2021 年 5 月）

80 年代初"杜康牌"杜康头曲（图中）

藏 收藏指数：★ ★ ★ ★ ☆

¥ 参考价格：2800 元

　　　　　3400 元（2021 年 5 月）

80 年代中期"杜康牌"杜康头曲（图右）

藏 收藏指数：★ ★ ★ ★ ☆

¥ 参考价格：2800 元

　　　　　3700 元（2021 年 5 月）

158

70 年代末"酒泉牌"杜康曲酒

藏 收藏指数：★★★★★

羊 参考价格：6000 元

　　　　　　10000 元（2021 年 5 月）

　　汝阳杜康酒厂在 1981 年正式使用"杜康牌"注册商标之前，曾使用过"酒泉牌"注册商标。图中的"酒泉牌"杜康曲酒，厂名为河南省杜康酒厂。

159

70 年代末"酒泉牌"杜康酒

藏 收藏指数：★★★★★

羊 参考价格：6500 元

　　　　　　10000 元（2021 年 5 月）

　　图中的"酒泉牌"杜康酒为 70 年代末生产，此时的厂名为"河南杜康村酒厂"，有关汝阳杜康酒厂的名称，尚有一些争议，也期待了解该酒酒厂历史的朋友，共同探讨。

160

80 年代"杜康牌"杜康酒

藏 收藏指数：★★★★☆

¥ 参考价格：2000 元

3800 元（2021 年 5 月）

1981 年，汝阳杜康与伊川杜康酒厂签订共同使用"杜康牌"商标的协议，图中的"杜康牌"杜康酒产于 80 年代，厂名为河南省汝阳县杜康酒厂。

161

1992 年"杜康牌"杜康酒

藏 收藏指数：★★☆☆☆

¥ 参考价格：700 元

1300 元（2021 年 5 月）

图中的金属旋盖"杜康牌"杜康酒于 1992 年生产，酒瓶标上标有生产代号、配料、酒度（52 度）以及酒容量（500 毫升），厂名为河南省汝阳县杜康酒厂。该酒是一款性价比较高的喝品级陈年白酒。

162-164

80 年代"三乐牌"杜康酒（外销）（图左）

- 🏛 收藏指数：★★★★☆
- 🉐 参考价格：2000 元
  - 3600 元（2021 年 5 月）

1980 年"三乐牌"杜康酒（外销）（图中）

- 🏛 收藏指数：★★★★☆
- 🉐 参考价格：2000 元
  - 3800 元（2021 年 5 月）

70 年代杜康大曲（图右）

- 🏛 收藏指数：★★★★☆
- 🉐 参考价格：4000 元
  - 稀少（2021 年 5 月）

80年代一组杜康大曲

165-167

"杜康牌" 杜康大曲 _{（图左）}

藏 收藏指数：★★★☆☆

￥ 参考价格：1000 元

　　　　　1500 元（2021 年 5 月）

"杜康牌" 杜康大曲 _{（图右）}

藏 收藏指数：★★★☆☆

￥ 参考价格：2200 元

　　　　　2900 元（2021 年 5 月）

"杜康牌" 杜康大曲 _{（图中）}

藏 收藏指数：★★★☆☆

￥ 参考价格：1000 元

　　　　　1500 元（2021 年 5 月）

168

70 年代末"杜仙牌"杜仙酒

收藏指数：★★★★☆

参考价格：6000 元

稀少（2021 年 5 月）

通过酒瓶、酒标、字样等综合推断，我初步认定该酒为 70 年代末产。20 世纪 70 年代，在"杜康牌"注册商标尚未批准之前，"杜康酒厂"、"杜康酒"之名号在全国应该是"遍地开花"的。图中的"杜仙牌"杜仙酒厂名为"河南省汝阳县蔡店杜康酒厂"，该厂是否就是汝阳杜康酒厂，而汝阳杜康酒厂是否曾拥有过"杜仙牌"注册商标？有关该酒的厂名及酒名，我曾在个人微博中提出异议，对此杜康酒厂给予的答复是该酒为汝阳杜康酒厂早期生产的酒。本人对杜康酒厂的答复持保留意见，欢迎藏友们共同探讨。

河南
赊店大曲

169

1980 年左右"长桥牌"赊店大曲

藏 收藏指数：★★★★☆

珍稀

　　"长桥牌"注册商标，是赊店酒早期生产使用的注册商标，图中的"长桥牌"赊店大曲应为 70 年代末 80 年代初生产，厂名为"河南省社旗酒厂"。

河南 赊店大曲

　　赊店大曲产于河南省社旗县社旗镇。社旗镇原称赊旗镇，与之有关的还有一则刘秀"赊酒旗为帅旗的典故"，赊旗镇也因此而得名。赊旗镇自东汉就已有酿酒业，由于其处于汉水支流的地理位置，航运发达，一直以来经济鼎盛、商贾云集，酒业自然兴旺。清同治年间，"永隆统"酒馆所产的"赊店汾酒"更是远销湖广，闻名遐迩。

　　1949年，当地政府在永隆统酒馆的基础上建立酒厂，该厂沿用传统工艺，投产赊店汾酒。1965年，国务院批准社旗建县。由周恩来总理亲自将"赊旗县"更名为"社旗县"，寓意为高举社会主义伟大旗帜。赊店镇酒厂亦于同年更名为"社旗县酒厂"；1992年，酒厂名改为"河南省赊店酒厂"。

　　赊店酒厂生产的"长桥牌"赊店汾酒于1980年、1984年、1988年获得河南省优质奖；除此之外，1986年，"长桥牌"琼浆老酒获得河南省"金龙杯"奖；1988年，"赊店牌"赊店酒获得首届中国食品博览会金奖。

　　在生产工艺方面，赊店酒采用优质高粱为原料，用大曲做糖化发酵剂。采用传统工艺，经配料蒸煮、地缸发酵、上甑蒸馏、量质接酒、长期陈贮、自然增香、勾兑调味等工序酿成。采用该种工艺及优质原料酿制出来的赊店美酒清澈透明、清香纯正、口味柔和、绵甜爽净、回味悠长。

一组早期的酒标

170

80 年代 "长桥牌" 琼浆老酒

- 收藏指数：★★★☆☆
- 参考价格：2000 元
  3600 元（2021 年 5 月）

"长桥牌"琼浆老酒曾于 1986 年获得河南省"金龙杯"奖，图中的琼浆老酒为玻璃瓶塑盖。

171

80年代末"长桥牌"琼浆老酒

藏 收藏指数：★★★☆☆

¥ 参考价格：1600元
2600元（2021年5月）

图中的"长桥牌"琼浆老酒为80年代末生产，厂名为"河南省社旗县酒厂"。

172

80年代"长桥牌"赊店汾酒

藏 收藏指数：★★★★☆

珍稀

赊店汾酒早在清朝时期便远销湖广，闻名遐迩。该酒于1980年、1984年、1988年获得河南省优质奖。

173

1994 年赊店老酒（国之花）

藏 收藏指数：★★☆☆☆

￥ 参考价格：500 元

1000 元（2021 年 5 月）

　　图中的"赊店牌"赊店老酒于 1994 年生产，厂名为"河南省赊店酒厂"。

174

1995 年"赊店牌"赊店老酒（一级特曲）

藏 收藏指数：★★☆☆☆

￥ 参考价格：500 元

800 元（2021 年 5 月）

黑龙江

哈尔滨老白干

175

80年代初"胜洪牌"老白干酒

🏺 收藏指数：★★★★☆

🏷 参考价格：4000元

　　　　　5400元（2021年5月）

　　哈尔滨老白干曾于1963年、1979年、1984年、1988年在第二届、第三届、第四届、第五届全国评酒会上被评为国家优质酒获银质奖。图中该酒为老白干酒在获得1963年、1979年国优后所生产，注册商标为"胜洪牌"，该酒瓶标上贴有"中国优质酒"奖章标签。

黑龙江 哈尔滨老白干

"胜洪牌"哈尔滨老白干酒，是麸曲清香型优质白酒，由于它使用高粱糠为原料，故又被称为哈尔滨高粱糠白酒。哈尔滨位于松嫩大平原，松花江水流经市区，其水水质软，清澈透明，甘爽沁人，再加上以松嫩平原生产的质地纯、淀粉含量高、单宁低的优质高粱为主要原料，对老白干酒独特的风格形成影响很大。

哈尔滨老白干的厂名哈尔滨白酒厂前身为"泰兴永烧锅"，始建于1929年，至今已有近百年历史。新中国成立后，企业由政府接管，改善了生产条件，改进了经营管理，为了在节约粮食的基础上生产好酒，该厂从1950年开始，利用东北特产的高粱糠代替好粮，酿造优质白酒。1951年改为国营哈尔滨市第二制酒厂，1962年扩建为哈尔滨市白酒厂，1963年投产老白干酒。

60度的哈尔滨老白干于1963年、1979年、1984年在第二届、第三届、第四届全国评酒会上被评为国家优质酒银质奖。60度、55度的哈尔滨老白干于1988年在第五届全国评酒会上被评为国家优质酒银质奖。

在酿制工艺上，哈尔滨老白干选用松嫩平原产的优质高粱与高粱糠为原料，用麸曲加酵母为糖化发酵剂，松花江水为酿造用水。采用传统的清蒸混入六甑操作法，经配料蒸煮、加麸曲酒母、回加香醅、六天发酵、缓慢蒸馏、掐头去尾、分质接酒、定期贮存、勾兑调味等工序酿成。经过该工艺酿制出的老白干酒无色透明、清香纯正，醇厚柔和，绵甜爽净，落口枣香绵长，适宜热饮。

1974年，我国著名白酒专家周恒刚对哈尔滨老白干酒给予了极高的评价："老白干酒干净，枣香味给提高了很大身份"。遗憾的是，曾经拥有近百年历史、工艺独特、口感独特，香型突出、连续四届在全国评酒会上被评为国家优质酒的老白干酒，如今竟然在市场上难觅其踪，其酒厂的资料也是少之又少，没落之态势令人惋叹。以它们独特的枣香口感，如果能坚持下来，说不定还能发展成为一个独特的香型，开辟一番新的天地，与其他香型竞相抗衡。

值得一提的是，著名白酒专家高月明曾说过，如果没有东北，中国大部分白酒就没有高粱味了，如果没有高粱，中国白酒就没有中国味了。然而，对于高粱的产量占全国的69%、玉米产量接近40%、稻谷产量约占20%的东北而言，尽管为全国几乎所有成规模的白酒企业承担着粮食、酒精输送的重任，却没有造就一个全国性知名白酒品牌，不得不说是一种遗憾。

176

1994 年"胜洪牌"哈尔滨老白干

藏 收藏指数：★★★☆☆

¥ 参考价格：1500 元

1800 元（2021 年 5 月）

　　该图中酒为"胜洪牌"老白干酒在获得 1988 年第五届全国评酒会中国优质酒称号后生产，酒标上文字标示了该酒自第二届至第五届全国评酒会的获奖信息、酒度数（55 度）、容量（500 毫升）。在酒的背面写着酒厂建于 1929 年，历史悠久，除获得全国优质酒外，还被连续评为黑龙江历届名酒。

177

80 年代中后期"胜洪牌"中国老白干

藏 收藏指数：★★★☆☆

¥ 参考价格：1500 元

2400 元（2021 年 5 月）

　　图中的"胜洪牌"中国老白干酒为获得 1984 年获得国优后所生产，酒上挂有银质奖章，为 80 年代中后期出品。作为一家曾经拥有近百年历史的酒厂，哈尔滨白酒厂连续四届被评国优的历史已经一去不复返，如今，甚至连酒厂都难觅其踪，这不得不说是一种遗憾。如今我们也只能凭借该厂曾经生产的白酒，追忆它辉煌的过去。

178

80 年代"胜洪牌"中国红粮老窖

藏 收藏指数：★ ★ ★ ☆ ☆

¥ 参考价格：1100 元

　　　　　　1900 元（2021 年 5 月）

179

80 年代"胜洪牌"中国老窖

藏 收藏指数：★ ★ ★ ☆ ☆

¥ 参考价格：1300 元

　　　　　　1600 元（2021 年 5 月）

黑龙江
北大仓

180

70年代末"大丰仓牌"北大仓酒

藏 收藏指数：★★★★★

¥ 参考价格：6500元

稀少（2021年5月）

北大仓酒属于酱香型白酒，图中的"大丰仓牌"北大仓酒为70年代末生产，在当时，酒厂名称为"黑龙江省齐齐哈尔制酒厂"，该酒在收藏市场上非常少见，是一款收藏之珍品。

黑龙江 北大仓

北大仓酒产于黑龙江齐齐哈尔市的北大仓酒厂。该厂始建于1914年的"聚源永烧锅"，是当时东北地区颇有声望的八大酒坊之一，当时的烧锅主人马子良邀请贵州酿酒师傅来到卜奎，酿制出的美酒因其独特的口感而名声大振。

1946年1月齐齐哈尔解放后，西满军区后勤部接管了聚源永烧锅，筹备成立了齐齐哈尔聚源永制酒厂，当时该厂隶属嫩江省，直到1948年6月，嫩江省和黑龙江省合并，酒厂正式更名为"齐齐哈尔第一制酒厂"。1955年，时任铁道兵司令和农垦部长的王震将军带领将士开垦北大荒，在品尝了酒厂美酒后，因齐齐哈尔地区粮田广阔，有北大仓之称，建议改名北大仓酒，北大仓酒由此得名。1956年酒厂改建为国营齐齐哈尔制酒厂，1981年改名为"齐齐哈尔北大仓酒厂"。

北大仓酒因其品味高、质量好，于1962年在东北地区酿酒协作会议上名列东北十二种酒榜首；并于1978年、1980年、1984年均被评为黑龙江省优质酒；1984年在轻工业部全国酒类质量大赛上获铜杯奖。

在生产工艺上，北大仓酒选用东北特产优质"大蛇眼"红高粱为原料，用大麦、小麦、大豆、玉米制成的大曲为糖化发酵剂，采用茅台酒酿造工艺与本地特点相结合，经一次投料、蒸煮糊化、池上堆积、连续加曲、回沙尾酒、四轮发酵、缓慢蒸馏、分批取酒、长期贮存、勾兑调味等工序酿成。采用该工艺生产出的白酒色泽微黄，清澈透明；酱香突出，幽雅细腻，醇甜绵柔，余香不息。

一组北大仓酒厂生产的"海山牌"酒标

181

80年代初"大丰仓牌"大仓白酒

🏺 收藏指数：★★★★☆

¥ 参考价格：2000元

3600元（2021年5月）

182

80年代初"大丰仓牌"齐齐哈尔大曲

🏺 收藏指数：★★★★☆

¥ 参考价格：4000元

4800元（2021年5月）

　　1981年，"黑龙江省齐齐哈尔制酒厂"更名为"黑龙江省齐齐哈尔北大仓酒厂"。图中"大丰仓牌"齐齐哈尔大曲酒便是在酒厂更名后于80年代初期生产的一款白酒。

183

1986 年"大丰仓牌"北大仓酒

🏛 收藏指数：★★★★☆

💰 参考价格：1600 元

2600 元（2021 年 5 月）

　　1984 年，北大仓酒获得轻工部酒类质量大赛铜杯奖，此后，该厂生产的"北大仓酒"上有了"部优"的获奖说明，此时的生产厂名为"齐齐哈尔市北大仓酒厂"。

184

80 年代"卜奎牌"卜奎大曲

🏛 收藏指数：★★★★☆

💰 参考价格：1.1 万元

稀少（2021 年 5 月）

　　齐齐哈尔古称"卜奎"，达斡尔语为"吉祥"，满语是"边疆牧场"的意思。图中的"卜奎"牌卜奎大曲酒，从瓶标的色彩及设计感上看，颇有异域风情，厂名为"齐齐哈尔北大仓酒厂"，该酒应为 80 年代早期产品。

黑龙江

龙滨酒

185

80 年代初"龙滨牌"龙滨酒

▣ 收藏指数：★★★★☆

¥ 参考价格：7500 元

1.1 万元（2021 年 5 月）

　　龙滨酒以产地黑龙江省哈尔滨市缩写而得名。该酒于 1963 年在第二届全国评酒会上被评为国家优质酒。图中的塑盖"龙滨牌"龙滨酒于 80 年代初生产，在该酒瓶标上标注有龙滨酒获得国家优质奖的信息。

黑龙江 龙滨酒

龙滨酒产于黑龙江哈尔滨市龙滨酒厂，其"龙滨"二字来自产地的缩写。龙滨酒厂始建于20世纪初期，是北方最老的酿酒厂之一（有一说为增盛烧锅，又一说为增盛通烧锅）；1946年改建为国营酒厂，厂名为"健生酒厂"。1953年划归哈尔滨市，成为地方国营哈尔滨第四制酒分厂，1957年更名为"哈尔滨第四制酒厂"，1961年改名"哈尔滨龙滨酒厂"，承袭传统工艺投产东北第一家酱香型白酒—龙滨酒。

龙滨酒主要原料为东北黄壳高粱，用小麦制成中、高温曲为糖化发酵剂。采用清蒸五次工艺，经原料破碎、蒸煮糊化、长期发酵、堆积增香、缓慢蒸馏、按质摘酒、分级贮存、勾兑调味等工序酿成。经过该种工艺酿制出的白酒色泽微黄，酱香突出，口感柔和，软润纯净，回味绵长，余香不息。龙滨酒于1963年在第二届全国评酒会上被评为国家优质酒。1984年、1986年被评为黑龙江省优质酒。

1973年，龙滨酒厂根据黑龙江省优质酒会议精神和局党委对龙滨酒在"质量上

50年代薄荷酒

70年代龙滨酒酒标

初步判断，龙滨酒酒名应该也是由"龙滨牌"注册商标发展而来的。

70年代龙滨元曲酒标

70年代二锅头白酒酒标

接近茅台、贮存期短于茅台，粮耗低于茅台，并具有龙滨酒的风格特点"的指示生产高端白酒—特酿龙滨酒。自1975年登市以来，特酿龙滨酒由于其酒质优良，装潢美观大方，深受广大消费者欢迎。该酒吸取茅台酒工艺精华，属于酱香型白酒53度～55度，带有明显茅台酒风味的特点。它以北方生产的红粮为原料，以小麦高温曲为糖化发酵剂，采用六轮发酵的特殊工艺，精心酿制而成。特酿龙滨酒曾多次被评为黑龙江省地方名酒，1984年参加全国酒类质量大赛奖获得金杯奖，1984年及1988年于第四届、第五届评酒会被评为国家优质酒，并于1988年荣获中国首届食品博览会金奖。

近年来，龙滨酒逐渐脱离了酒厂最初酿制酱香型白酒的根基，转而开始向以生产芝麻香型白酒为主、兼香型白酒为辅的方向发展。企业不断创新发展本无可厚非，不过我本人在研究龙滨酒厂的历史过程中，找到一张50年代的薄荷酒酒标。这样一张酒标引发了我的思考：薄荷酒是一款外国传统酒，其清爽口感本人一直较为喜爱，我想，如果龙滨酒厂能生产出具有中国特色的薄荷酒，那也不啻为酒界的一桩美事。

186

80 年代"龙滨牌"龙滨大曲

藏 收藏指数：★★★★☆

¥ 参考价格：1800 元

3600 元（2021 年 5 月）

"龙滨牌"龙滨大曲酒于 1984 年获得黑龙江省优质产品奖，图中该酒为 80 年代早期生产。

187

80 年代中后期"红梅牌"特酿龙滨酒

藏 收藏指数：★★★★☆

¥ 参考价格：6000 元

1 万元（2021 年 5 月）

特酿龙滨酒于 1975 年面世，该酒于 1978 年、1983 年连续被评为黑龙江省名酒。1984 年参加轻工部酒类质量大赛奖获得金杯奖，1984 年及 1988 年于第四届、第五届评酒会被评为国家优质酒银质奖。图中的特酿龙滨酒为外销出口，使用的是"红梅牌"注册商标，早期中国粮油食品进出口公司监制并出口外销的很多东三省产品，都曾使用过"红梅牌"注册商标。该酒瓶标上标注有获得 1984 年国优酒以及部优金杯奖的信息。

188

80年代"红梅牌"特酿龙滨酒

藏 收藏指数：★★★★☆

¥ 参考价格：3500元

　　　　　　4800元（2021年5月）

　　"红梅牌"特酿龙滨酒采用优质红粮精心制作、陈酿而成。该酒为酱香型。作为一款出口酒，该酒在塑盖上以纸签封口，保存完好，纸签上写着"special brewage"，意为"特酿"。

189

1981年"龙滨牌"精装汾酒

藏 收藏指数：★★★★☆

¥ 参考价格：2200元

　　　　　　3600元（2021年5月）

190

80 年代"龙滨牌"龙滨汾酒

- 收藏指数：★★★☆☆
- 参考价格：2000 元

  3400 元（2021 年 5 月）

191

80 年代"龙滨牌"中国头曲

- 收藏指数：★★★★☆
- 参考价格：3500 元

  6000 元（2021 年 5 月）

192-194

80年代"龙滨牌"
龙滨特曲

🏺 收藏指数：★★★☆☆

💰 参考价格：2800元

3500元（2021年5月）

90年代初"龙滨牌"
红粮酒

🏺 收藏指数：★★☆☆☆

💰 参考价格：800元

1500元（2021年5月）

90年代初"龙滨牌"
龙滨高粱烧

🏺 收藏指数：★★☆☆☆

💰 参考价格：700元

1200元（2021年5月）

湖北
白云边

195

70 年代末"白云边牌"松江白酒

藏 收藏指数：★★★★★

孤品

　　松江位于白云边酒厂所在地湖北省松滋县，白云边酒厂的前身湖北省松滋县酒厂曾经生产过以"松江"命名的白酒如松江白酒、松江大曲等。图中的松江白酒从瓶型、瓶标特点看，初步断定为 70 年代末生产，该酒使用"白云边牌"，厂名为"湖北省白云边酒厂"。

湖北 白云边

白云边酒属于兼香型，该酒产于湖北省松滋县。松滋县濒临洞庭湖，具有独特的酿酒条件。据称，李白曾取道松滋，在洞庭湖上泛舟饮酒吟诗："且就洞庭赊月色，将船买酒白云边。"白云边酒名由此而来，不仅富于诗情画意，且给人以清新悠远之感。

白云边酒厂在松江河畔，当地有八眼泉水和酒石甄等古迹，这些古迹与古代前人的酿酒事迹有关。白云边酒厂的前身湖北省松滋县酒厂于1952年建成。1974年，酒厂改名为"白云边酒厂"，并开始收集整理传统工艺生产白云边酒。白云边酒一经问世，1979年便被评为湖北名酒。1979年、1984年、1988年在第三届、第四届、第五届全国评酒会上被评为国家优质酒银质奖。1984年11月在轻工业部全国酒类质量大赛上被评为全国兼香型白酒第一名并荣获金杯奖。白云边酒厂系列产品较为繁多，除白云边酒被评为国家银质奖和轻工部酒类质量大赛金杯奖以外，一注观、八眼泉、古特酒等系列酒也多次获得湖北省名酒等殊荣。

在生产工艺方面，白云边酒以优质糯高粱为原料，以小麦培制的大曲为糖化发酵剂，取当地甘洌八眼泉水为酿造用水。采用传统工艺，并吸收我国各种不同香型的技术，经配料蒸煮、高温堆积、多轮投料、泥窖发酵、蒸馏接酒、长期贮存陈酿、勾兑调味等工序酿成，其中回酒发酵，一次清蒸下料，二次混蒸下料，续料高温堆积，七轮次发酵，六次蒸馏取酒。经过该工艺酿制出来的白酒酒液无色，清亮透明，芳香优雅，酱、浓协调，绵柔甜爽，圆润怡长，畅饮不上头。

白云边酒厂前身湖北省松滋县酒厂早期酒标

196

80 年代初"白云边牌"八眼泉

藏 收藏指数：★★★★☆

¥ 参考价格：4000 元

8000 元（2021 年 5 月）

白云边酿酒所用水采用境内著名的"八眼泉"泉水，该酒故此得名。

197

80 年代初"白云边牌"一柱观

藏 收藏指数：★★★★☆

¥ 参考价格：5500 元

1 万元（2021 年 5 月）

"白云边牌"一柱观酒为白云边酒厂生产的茅型酒，也就是我们熟知的酱香型白酒，白云边酒厂在 80 年代初生产主流产品白云边酒以外，还生产有八眼泉、一柱观、古特酒等系列酒，这些酒口感各有特色，在收藏市场都较受欢迎。

198

1983 年"白云边牌"白云边

收藏指数：★★★★☆

参考价格：3200 元

4800 元（2021 年 5 月）

　　1974 年，"松滋县酒厂"改名为"白云边酒厂"，并开始生产白云边酒，白云边酒曾获得湖北名酒称号，并于 1979 年、1984 年、1988 年在第三届、第四届、第五届全国评酒会上被评为国家优质酒获银质奖。图中该酒于 1983 年生产，瓶标上标注有中国优质酒信息，为白云边在 1979 年获优质酒后生产。

199

1986 年"白云边牌"白云边

收藏指数：★★★☆☆

参考价格：2900 元

4400 元（2021 年 5 月）

　　图中该酒为 1986 年生产的白云边酒，在此之前，白云边酒获得 1979 年、1984 年国优，因此该酒瓶标上印有双奖章图案。该酒本人曾品鉴过多次，是我个人比较喜欢喝的一款酒。经过二十多年贮存，酒色泛黄，由兼香口感逐渐过渡为酱香，酱重于浓、细腻丰满、幽雅、回味悠长。

200

1988 年"白云边牌"白云边

藏 收藏指数：★★★☆☆

¥ 参考价格：2800 元

3800 元（2021 年 5 月）

图中 1988 年生产的白云边牌白云边酒为该酒 1984 年获得国优后生产，酒瓶标上印有 1984 年国优酒银质奖章图案。

201

1993 年"白云边牌"白云边

藏 收藏指数：★★★☆☆

¥ 参考价格：2000 元

3500 元（2021 年 5 月）

图中的铝旋盖白云边酒于 1993 年生产，此时酒瓶标上的优质奖章已没有注明具体获奖的年份，仅在优质图章下标注"国家银质奖"，90 年代白云边酒开始在正标上标注酒精度及净含量等信息。该酒为性价比较高的一款喝品酒。

202

1986 年"白云边牌"白云边（250 毫升）

藏 收藏指数：★★★☆☆

¥ 参考价格：2400 元

203-206

80 年代"白云边牌"二曲（左一）

藏 收藏指数：★★★☆☆

¥ 参考价格：1500 元

　　1800 元（2021 年 5 月）

1994 年"白云边牌"二曲（左二）

藏 收藏指数：★★☆☆☆

¥ 参考价格：1100 元

　　1800 元（2021 年 5 月）

1991 年"白云边牌"三曲（左三）

藏 收藏指数：★★☆☆☆

¥ 参考价格：1000 元

　　2200 元（2021 年 5 月）

1993 年"白云边牌"白云边曲酒（左四）

藏 收藏指数：★★☆☆☆

¥ 参考价格：600 元

　　1100 元（2021 年 5 月）

湖南
白沙液

207

70 年代末"麓山牌"白沙液

收藏指数：★★★★★

珍稀

　　白沙液酒 70 年代初面世后，多次获得湖南名酒等荣誉。"麓山牌"注册商标为白沙液早期使用的注册商标。图中该酒应为 70 年代末生产，其封口使用的是金黄色封膜塑盖且外有一层蜡保护，这种封口较后期的红色封膜塑盖使用时间更早。

湖南 白沙液

　　白沙液产于湖南省长沙市，因汲取古迹白沙古井之水酿制而得名。长沙是一座有着悠久的酿酒历史的城市，在 20 世纪 70 年代马王堆一号汉墓出土的随葬物中，就有两坛酒。

　　白沙井水水质优良，汇入井中的泉水，经过网纹红土以及砂砾层无数次过滤，这些砾石和砂化学性能稳定，溶入水中的矿物质具有适量无机物类，非常适于酿酒。50 年代，酒厂将酿酒车间设在白沙井边，因陋就简，用瓦管导出井水，酿制出了高粱曲酒。60 年代初，曲酒的产量一直未有较大的提升。到了 70 年代初，酒厂总结了我国其他名酒的生产经验，正式生产白沙液酒。据称，白沙液起初生产之时，尚未取酒名，1974 年，毛泽东主席到湖南考察后，对该酒评价甚高，因该酒取自白沙古井之水酿造而赋名"白沙液"，"白沙液"也因此成为全国所有白酒中由毛主席命名的唯一白酒品牌。

　　白沙液一经面世便获得多项荣誉：1973 年被评为湖南省优质产品；1984 年在轻工业部全国酒类质量大赛中获银杯奖；1988 年在第五届全国评酒会上被评为国家优质酒银质奖。

　　根据本人手中的实物，大致判定长沙酒厂早期名为长沙市湘江食品厂，当时生产有麓山青酒等，使用"麓山牌"注册商标；后改名为"白沙酒厂"，生产的白沙液主要使用"白沙牌"注册商标，外销出口的酒则使用"芙蓉牌"注册商标。

　　在生产工艺上，选用整粒高粱为原料，高、中温大曲为糖化发酵剂，用白沙古井泉水为酿造用水。经浸泡蒸煮、晾场堆积、二次投料、混合使用高、中温曲、连续五次发酵、分层蒸馏、贮存、勾兑酿成。经过该种工艺酿制的白沙液酒液无色透明；香气浓郁，浓、酱协调，纯正柔和，后味回甜，兼有茅台和泸州大曲之风格，为兼香型白酒。

　　曾经名噪一时的白沙液，由于多方面的原因，从 20 世纪 90 年代中期开始，在市场上表现持续低迷，发展态势不尽如人意。2006 年开始，原白沙酒厂进行整体改制，成立了白沙酒业有限责任公司。

208

80 年代初"麓山牌"白沙液

藏 收藏指数：★★★★☆

¥ 参考价格：3800 元

7800 元（2021 年 5 月）

红色封膜塑盖的"麓山牌"白沙液生产时间晚于金色封膜的白沙液。

209

1993 年"白沙牌"白沙液

藏 收藏指数：★★☆☆☆

¥ 参考价格：1300 元

2500 元（2021 年 5 月）

图中该酒为 1993 年生产的金属旋盖白沙液，白沙液于 1988 年在第五届全国评酒会上被评为国家优质酒银质奖，此时的注册商标为"白沙牌"。该酒目前在收藏市场是一款性价比较高的喝品。

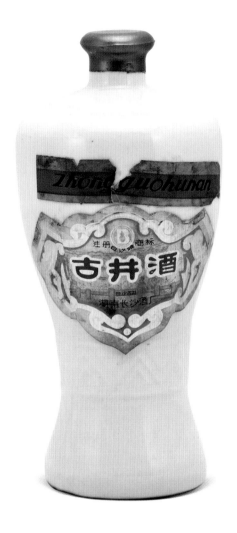

210

80年代末"白沙牌"古井酒

藏 收藏指数：★★★★☆

珍稀

211

80年代"麓山牌"湘水春酒

藏 收藏指数：★★★★☆

珍稀

图中该酒瓶形似葫芦，美观大方，透着古雅，非常有特色，该酒在收藏市场非常稀少。

212

90 年代初"白沙牌"特制白沙大曲

藏 收藏指数：★★★☆☆

￥ 参考价格：1800 元

　　　　　3800 元（2021 年 5 月）

213

1991 年"白沙牌"白沙大曲

藏 收藏指数：★★☆☆☆

￥ 参考价格：1800 元

　　　　　2800 元（2021 年 5 月）

湖南
德山大曲

214

1978 年"武陵桥牌"德山大曲

收藏指数：★★★★★

珍稀

德山大曲酒早期使用的注册商标为"武陵桥"牌，该酒瓶标上注有德山大曲酒于1963 年获得中国优质酒的信息。此时的厂名为"湖南常德酒厂"。

湖南 德山大曲

　　德山大曲,古称德酒,产于湖南省常德市。常德市地处沅江之滨,德山之麓,是湖南西北地区的一个古老城市。这里有酿造曲酒的悠久历史,但世代相传都为私营小作坊,风味虽好,但产量不大。

　　新中国成立后,1952年由年产不到100吨酒的原私营糖坊组合为国营酿酒厂,1957年转变为常德酒厂,恢复生产传统白酒。1959年,依据传统酿造技术,酿出大曲酒。酒厂所产白酒于20世纪50年代末至70年代主要采用"武陵桥牌"注册商标;于1980年左右为"德山牌"所取代。

　　在1963年、1984年、1988年的第二届、第四届、第五届全国评酒会上,58度德山大曲酒被评为国家优质酒银质奖。1984年投产54度酒,1987年投产38度酒,1988年在第五届全国评酒会上这几种度数的德山大曲酒均被评为国家优质酒银质奖。

　　德山大曲酒在我国的白酒香型中,是以浓香为主的兼香型,有特殊风格。它采用优质糯高粱为原料,用纯小麦大曲为糖化发酵剂,酿造用水取自当地莲花池泉水。采用高温制曲,老五甑操作法,经固体续糟混蒸、低温入池、双轮底醅、回酒回醅发酵(发酵期60天以上)、缓气蒸馏、量质摘酒、分级陈酿、贮存一年以上,再以多年老酒勾兑调味酿成。其成品酒中含酯量很高,这是其浓郁芳香的来源,而其香气又是多种成分互相配合自然形成的,故有特殊风格。

　　遗憾的是,到了20世纪90年代末,由于多重原因,德山大曲酒厂发展停滞,企业艰难度日;曾经三度获得全国优质酒的德山酒业风光不再,逐渐地隐没在竞争激烈的白酒市场之中。

215

70 年代末 "武陵桥牌" 德山大曲

收藏指数：★★★★★

参考价格：1.2 万元

稀少（2021 年 5 月）

图为 70 年代末湖南常德酒厂生产的圆柱玻璃瓶型塑盖德山大曲，注册商标为 "武陵桥牌"（图案）。该酒上同样标有德山大曲于 1963 年获得全国评酒会中国优质酒称号的信息。

216

1981年"德山牌"德山大曲

🏛 收藏指数：★★★★☆

🥇 参考价格：6500元

　　　　1万元（2021年5月）

　　图中该酒为湖南常德酒厂于1981年生产的德山大曲，酒度为60度，此时的注册商标已改为"德山牌"，该酒挂有中国优质酒银质奖章。

217

80年代末"德山牌"德山大曲

🏛 收藏指数：★★★☆☆

🥇 参考价格：4000元

　　　　8000元（2021年5月）

　　图中该酒为金属旋盖的德山大曲，此时注册商标为"德山牌"，该酒在瓶标上标有酒度（53度～55度）、净含量（540毫升），当时的厂名为"湖南常德市德山大曲酒厂"，初步推断该酒为80年代末所产。

218

1992 年"德山牌"德山大曲

藏 收藏指数：★★☆☆☆

¥ 参考价格：1600 元

3000 元（2021 年 5 月）

　　1990 年，常德酿酒工业集团公司成立，该公司以获得"中国名酒"称号的武陵酒以及德山大曲酒为龙头，合并了当时的常德德山大曲酒厂、常德武陵酒厂、常德酒精厂、常德饮料厂四家全民工业企业。自此，德山大曲的厂名更名为"常德酿酒工业集团公司德山大曲酒厂"。图中该酒为金属旋盖，度数为54度，容量为500毫升。

219

1984 年"德山牌"德山二曲

藏 收藏指数：★★★★☆

¥ 参考价格：3000 元

6000 元（2021 年 5 月）

江苏
高沟大曲

220

1986 年"高沟牌"高沟大曲

藏 收藏指数：★★★★☆

¥ 参考价格：3600 元

　　　　　5200 元（2021 年 5 月）

　　在收藏界中，谈及江苏名酒，"三沟一河"无人不晓。"三沟一河"通常指 20 世纪 80 年代后期开始成名的江苏白酒，其中有产于灌南县汤沟镇的汤沟酒、产于泗洪县双沟镇的双沟酒、产于涟水县高沟镇的高沟酒以及产于泗阳县洋河镇的洋河酒。图中的高沟大曲产于 1986 年，注册商标为"高沟牌"。

江苏 高沟大曲

高沟大曲酒产于江苏省涟水县高沟镇。高沟地区酿酒业历史悠久，可上溯至西汉，明清时已鼎盛。清代该地区有天泉、裕源、涌泉、公兴等八家糟房，各糟房日生产量均达到"千斤禾"的水平，即日用红粮千斤，淌酒三百斤。

1949年政府将天泉、裕源等八家私人糟房合并成立地方国营高沟酒厂，沿用传统工艺生产高沟酒。1975年，高沟大曲被评为江苏省优质酒。1979年，高沟特曲被评为江苏省优质酒。1984年高沟特曲获轻工业部酒类质量大赛金杯奖。39度特曲在1988年第五届全国评酒会上被评为国家优质酒银质奖。

高沟酒选用优质高粱为原料，以大麦、小麦、豌豆制成的高温大曲为糖化发酵剂，经配料蒸煮、老窖低温回沙发酵、双轮底增香、分层蒸馏、量质摘酒、分级贮存、勾兑等工序酿成。经过该工艺酿制出的高沟酒无色透明，窖香浓郁，醇甜爽口，入口绵甜，回味悠长、尾净。

20世纪90年代，在川酒、鲁酒、皖酒的相继崛起以及洋酒逐渐占据市场的局面之下，江苏酒业陷入困境，走过近半个世纪风雨的高沟酒厂开始面临连年亏损。1997年12月26日，高沟酒厂创立新品"今世缘"，成立江苏今世缘酒业有限公司，高沟的"今世缘"品牌创立后，完全放弃传统的品牌文化，转而重新打造新的"缘"文化。

早期由徐州糖业烟酒分公司改装的高沟大曲酒酒标

221

1987 年"高沟牌"高沟大曲

- 收藏指数：★★★★☆
- 参考价格：2000 元

    3000 元（2021 年 5 月）

高沟大曲酒是当地传统名酒。该酒于
1975 年被评为江苏省优质酒。图中的高
沟大曲酒于 1987 年生产，该酒在瓶标上
标注有度数（53 度）以及重量（500 克）。

222

1988 年"高沟牌"高沟大曲

- 收藏指数：★★★★☆
- 参考价格：2000 元

    3000 元（2021 年 5 月）

223

1986 年"高沟牌"高沟优曲

藏 收藏指数：★★★☆☆

¥ 参考价格：1800 元

2600 元（2021 年 5 月）

　　作为名扬天下的江淮派浓香型白酒的代表，高沟优曲酒芳香浓郁、绵顺醇甜、尾爽而净，在收藏市场上较为常见。

224

80 年代后期"高沟牌"高沟优曲

藏 收藏指数：★★★☆☆

¥ 参考价格：1800 元

2600 元（2021 年 5 月）

225-227

1988 年"高沟牌" 高沟优曲

藏 收藏指数：★★★☆☆

¥ 参考价格：1100 元

　　　　　　1800 元（2021 年 5 月）

80 年代末"高沟牌" 高沟优质大曲（北京特制）

藏 收藏指数：★★★☆☆

¥ 参考价格：1000 元

　　　　　　2600 元（2021 年 5 月）

80 年代末"高沟牌" 高沟优质大曲（为人民大会堂酿制）

藏 收藏指数：★★★☆☆

¥ 参考价格：1200 元

　　　　　　2800 元（2021 年 5 月）

228

90 年代初"高沟牌"高沟优曲

▦ 收藏指数：★★☆☆☆

¥ 参考价格：1200 元

2600 元（2021 年 5 月）

229

80 年代"高沟牌"高沟特曲

▦ 收藏指数：★★★☆☆

¥ 参考价格：1400 元

2800 元（2021 年 5 月）

　　高沟特曲酒属于浓香型大曲白酒。酒精度分为 53 度、46 度、39 度三种。该酒于 1979 年被评为江苏省优质酒、1984 年获得轻工业部酒类质量大赛金杯奖、39 度高沟特曲在 1988 年第五届全国评酒会上被评为国家优质酒银质奖。

230

80 年代早期"高沟牌"高沟低度大曲

🏛 收藏指数：★★★☆☆

🐏 参考价格：900 元

1600 元（2021 年 5 月）

231

1988 年"高沟牌"高沟低度大曲

🏛 收藏指数：★★★☆☆

🐏 参考价格：900 元

1400 元（2021 年 5 月）

江苏
汤沟大曲

232

80 年代初"香泉牌"汤沟大曲

收藏指数：★★★★☆

参考价格：3200 元

5800 元（2021 年 5 月）

　　汤沟酿酒历史悠久，据称早在明清时期汤沟镇有 13 家酿酒糟坊，进入鼎盛时期，其中以玉生糟坊用"香泉"井水酿制的酒最香、最醇。汤沟酒使用"香泉"品牌便源于此。图中双沟大曲酒为 80 年代初生产，当时的厂名为"江苏灌南汤沟酒厂"。

江苏 汤沟大曲

汤沟大曲酒产于江苏省灌南县汤沟镇。汤沟地处柴米河、六塘河之畔，相传古时山西省酿酒名师黄玉生路过此地饮了该地的水后，觉得清洌爽口，便在水塘边打井酿酒，得酒芳香浓郁、独具一格。明末汤沟大曲已闻名于世，清代更是留下了"南国汤沟酒，开坛十里香"的诗句。民国初年，汤沟地区有大小十余家酒坊，其中以"义源永记酒坊"产品为佳，并出口日本及东南亚各国。

1949年，政府在义源永记酒坊的基础上建立了义源永记酒厂，生产大曲酒。1952年，酒厂更名为"公私合营汤沟酒厂"，并于1958年更名为"地方国营灌南县酒厂"。1974年，江苏灌南汤沟酒厂正式建立并于1986年改为"江苏汤沟酒厂"。

汤沟大曲是在大曲酒基础上经特殊工艺酿成。该酒于1984年获轻工业部酒类质量大赛银杯奖。1987年被评为江苏省优质酒。1988年在第五届全国评酒会上被评为国家优质酒银质奖。自汤沟酒厂成立伊始所生产白酒便开始使用"香泉牌"商标，随后于80年代末逐渐被"汤沟牌"注册商标所取代。

在生产工艺上，汤沟大曲选用优质高粱为原料，以小麦、大麦、豌豆制成高温大曲为糖化发酵剂，取含多种矿物质的香泉古井水为酿造用水。采用传统老五甑工艺，经配料蒸煮、人工老窖双轮底发酵、回沙发酵、蒸馏取酒、分级贮存、勾兑等工序酿成。酒液无色清亮透明，窖香浓郁，醇甜甘洌，入口绵柔，回味较长，尾子干净。

53度汤沟特曲和38度的汤沟特液于1984年参加江苏酒评酒会并双双获得江苏省优质食品证书，同年还分获轻工部酒类质量大赛的金杯和银杯奖。其中53度汤沟特曲于1988年在第五届全国评酒会上被评为全国优质酒银质奖。汤沟特液于1981年投产，1984年获得江苏省优质食品奖，1988年在第五届全国评酒会上被评为全国优质酒银质奖。

2001年，汤沟酒厂改制为国家控股的"江苏汤沟酒业有限公司"，并于2004年改制为民营企业，成立"江苏汤沟两相和酒业有限公司"。

233

80 年代初"香泉牌"汤沟大曲

🏛 收藏指数：★★★★☆

¥ 参考价格：2800 元

4800 元（2021 年 5 月）

汤沟大曲酒于 1984 年获轻工业部酒类质量大赛银杯奖，1987 年被评为江苏省优质酒，1988 年在第五届全国评酒会上被评为国家优质酒银质奖。

234

80 年代中后期"香泉牌"汤沟大曲

🏛 收藏指数：★★★☆☆

¥ 参考价格：2200 元

4000 元（2021 年 5 月）

图中的压盖汤沟大曲酒为 80 年代中后期生产，此时的厂名为江苏汤沟酒厂。

235

1988 年 "香泉牌" 汤沟大曲

藏 收藏指数：★★★☆☆

¥ 参考价格：1800 元

2800 元（2021 年 5 月）

236

1989 年 "香泉牌" 汤沟大曲

藏 收藏指数：★★★☆☆

¥ 参考价格：1800 元

2800 元（2021 年 5 月）

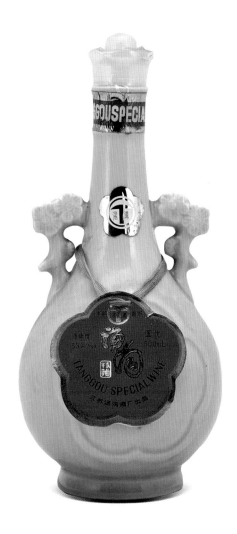

237

90 年代初 " 汤沟牌 " 汤沟特曲

藏 收藏指数：★ ★ ★ ☆ ☆

¥ 参考价格：1400 元

2800 元（2021 年 5 月）

　　20 世纪 80 年代末，"香泉牌" 注册商标逐渐被 "汤沟牌" 注册商标所取代，图中的汤沟特曲酒为 90 年代初生产，此时在瓶标上标有酒精度（53 度）及容量（500 毫升）。该酒酒瓶质朴如玉，造型美观大方，具有一定的收藏观赏价值。

238

90 年代初 "汤沟牌" 汤沟大曲

藏 收藏指数：★ ★ ☆ ☆ ☆

¥ 参考价格：1400 元

2400 元（2021 年 5 月）

239-241

**80 年代"香泉牌"
普通汤沟大曲**（外销出口）

🏺 收藏指数：★★★☆☆

¥ 参考价格：2000 元

　　　　　3000 元（2021 年 5 月）

**1987 年"香泉牌"
汤沟大曲**（外销出口）

🏺 收藏指数：★★★☆☆

¥ 参考价格：2000 元

　　　　　3000 元（2021 年 5 月）

**80 年代"香泉牌"
汤沟大曲**（外销出口）

🏺 收藏指数：★★★☆☆

¥ 参考价格：2000 元

　　　　　3000 元（2021 年 5 月）

江西
四特酒

242

60 年代"望津楼牌"四特酒

收藏指数：★★★★★

孤品

四特酒是江西名酒，1952 年，酒厂于江西省樟树市成立。图中该酒为细长啤酒瓶型，使用的是早期的"望津楼牌"注册商标，且商标仅有图案没有文字，此时该酒厂名为"江西樟树酿酒厂"。该酒容量应为 550 毫升，瓶型较一般的四特酒瓶型更大，是目前收藏市场上所见到最早的一瓶四特酒，极为珍贵。

江西 四特酒

四特酒产于江西省樟树市。樟树市原名清江县，陆游曾著诗"名酒来清江，嫩色如新鹅"，证明清江一带早有名酒。此外，据出土陶、青铜酒器等文物考证，该地自商代已有酿酒。

民国时期，酒业竞争激烈，外地名酒纷纷涌入樟树，樟树酒业同行为了提高自身的竞争能力，由娄源隆、陈源茂、娄万成等七家酒店合股经营酿酒作坊，取名"集义"，后期改由娄源隆独营。娄源隆独营后，不断改进技术，并从外地请来酿酒名师，终于形成了独特的工艺，酿出了格外香醇独具特色的优质白酒。

1952年，政府在樟树建立酒厂，继承传统工艺，酿制传统白酒，1959年四特酒的质量和风味得到了恢复和发展，经过中央工商行政管理总局批准，注册为"望津楼"商标。同年庐山中央工作会议期间，周恩来曾品尝四特酒，称赞它"清、香、醇、纯、回味无穷"。1982年，经国家工商行政管理总局批准注册"四特牌"商标，1983年6月更厂名为"江西樟树四特酒厂"。

四特酒自1963年至1983年的20年间，曾先后五次被评为全省优质名品。1984年获轻工业部酒类质量大赛银杯奖，1988年在第五届全国评酒会上被评为国家优质酒银质奖。

四特酒属于特香型，晶莹清澈，香气清雅，浓郁协调，入口幽雅舒适，柔绵醇净，悠长回甜。中国白酒泰斗周恒刚曾总结其工艺及口感："整粒大米为原料，大曲麦麸加酒糟，红赭石垒酒窖，三香具备犹不靠。"

50 年代酒标

70 年代酒标

243

1978 年"望津楼牌"四特酒

藏 收藏指数：★★★★☆

¥ 参考价格：6500 元

7800 元（2021 年 5 月）

　　图中的压盖四特酒于 1978 年生产，采用了普通玻璃瓶型，使用的是"望津楼牌"图案加文字的注册商标，此时的厂名为"江西樟树酒厂"。根据实物推断，该厂名应于 1977 年～ 1983 年间使用。

244

1985 年"四特牌"四特酒

藏 收藏指数：★★★★☆

¥ 参考价格：2200 元

5000 元（2021 年 5 月）

　　1982 年，"四特牌"注册商标经国家工商行政管理总局批准注册，酒厂名称也于 1983 年 6 月更厂名为"江西樟树四特酒厂"。图中的四特酒为 1985 年产，注册商标为"四特牌"，厂名为"江西樟树四特酒厂"。四特酒的压盖玻璃瓶型到 1987 年左右逐渐过渡为旋盖封口玻璃瓶型。图中该款酒在江西省内认知度非常高，为一款高端喝品酒，且数量越来越稀缺。

245

1987 年"四特牌"四特酒

🏛 收藏指数：★★★☆☆

💴 参考价格：1700 元

　　　　　3600 元（2021 年 5 月）

　　1987 年左右，四特酒采用了金属铝旋盖，取代了之前的压盖封口，图中的四特酒度数为 54 度，厂名为"江西樟树四特酒厂"。该酒目前在市场上较常见，酒香纯正、有酱味，醇厚丰满，后味悠长，是我本人常喝的一款酒。

246

1980 年左右"望津楼牌"四特酒

🏛 收藏指数：★★★★☆

💴 参考价格：4500 元

　　　　　6500 元（2021 年 5 月）

　　白瓷瓶四特酒为 70 年代末四特酒厂推向市场的产品之一，早期的白瓷瓶四特酒采用的是烤瓷标，后于 1988 年改为纸贴标。图中的四特酒为 70 年代末 80 年代初生产，当时的注册商标仍为"望津楼牌"，厂家名称为"江西樟树酒厂"，该酒背标色彩艳丽、浪漫唯美。四特酒的背标，采用了近百种不同的图案，据称这些图案绘画当时均为景德镇知名画师之作品；这些图案或山水人物、或花鸟虫鱼、或名山大川、或福禄寿禧，具有非常高的观赏价值。

247

1985 年"四特牌"四特酒

藏 收藏指数：★★★☆☆

¥ 参考价格：1800 元

3600 元（2021 年 5 月）

图中的烤瓷标白瓷瓶四特酒于 1985 年生产，当时四特酒已开始使用"四特牌"注册商标，其厂名也更名为"江西樟树四特酒厂"。四特酒的背标上除了不同类型的图案外，通常还会印上一段文字："亮似钻石透如晶，芬芳扑鼻迷逗人，柔和醇甘无杂味，滋身清神类灵芝"，据称这四大特点，便是"四特酒"命名之由来。值得一提的是，瓷瓶贮存酒，其酒体比玻璃瓶贮存酒更胜一筹。

248

1990 年"四特牌"四特酒

藏 收藏指数：★★★☆☆

¥ 参考价格：1400 元

2600 元（2021 年 5 月）

图中的 1990 年生产的"四特牌"四特酒，采用的是制贴标，取代了之前的烤瓷标。该酒的瓶标上印有度数（54 度）、容量（535 毫升）产品执行代号以及配料等信息。

249

80 年代 "四大美女背标" 四特酒

藏 收藏指数：★★★★☆

珍稀

250

1986 年"四特牌"四特酒

藏 收藏指数：★★★☆☆

￥ 参考价格：2600 元

　　　　5000 元（2021 年 5 月）

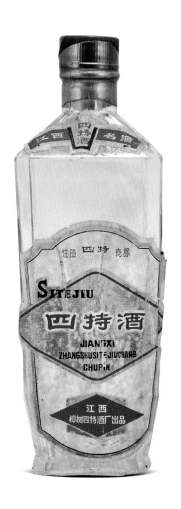

251

1986 年"四特牌"四特酒

藏 收藏指数：★★★☆☆

￥ 参考价格：2600 元

　　　　5000 元（2021 年 5 月）

252

90 年代初"四特牌"四特酒（玻璃瓶）

藏 收藏指数：★★★☆☆

¥ 参考价格：1400 元

　　　　3000 元（2021 年 5 月）

253

1993 年"四特牌"四特酒（白玻璃瓶）

藏 收藏指数：★★★☆☆

¥ 参考价格：1800 元

　　　　4000 元（2021 年 5 月）

254-256

1980 年左右"望津楼牌"樟树大曲

藏 收藏指数　★★★★☆

¥ 参考价格：3600 元

5600 元（2021 年 5 月）

80 年代"望津楼牌"樟树大曲

藏 收藏指数：★★★☆☆

¥ 参考价格：1800 元

2600 元（2021 年 5 月）

1988 年"望津楼牌"樟树大曲

藏 收藏指数：★★★☆☆

¥ 参考价格：1800 元

2600 元（2021 年 5 月）

堆花特曲酒

257

80年代初"鼓楼牌"堆花特曲

藏 收藏指数：★★★★☆

¥ 参考价格：5000元

6600元（2021年5月）

堆花特曲酒于1981年、1983年、1986年、1989年均被评为江西省优质产品。图中该酒为"鼓楼牌"，这是堆花酒在使用"堆花牌"注册商标之前采用的商标，80年代，堆花酒的厂名名称为"国营江西吉安市酒厂"，其香型为特香型。

江西 堆花特曲酒

堆花特曲酒产于江西省吉安市。吉安古称庐陵，早在 1700 年前已有酿酒业。堆花酒自宋代始产，酿酒作坊遍及全城。传说文天祥早年于白鹭洲书院求学时偶至县前街小酌，看见该地谷烧酒倒入杯中时酒花叠起，而感叹"层层堆花真乃好酒"，堆花酒则从此而得名。

1948 年，吉安地区有长丰等 29 个酿酒作坊。1952 年，政府在这些酿酒作坊的基础上建酒厂，沿用传统工艺，同年投产堆花特曲酒。堆花酒推出市场后，受到省内外消费者的好评，于 1981 年、1983 年、1986 年、1989 年均被评为江西省优质产品。

在酿造工艺方面，堆花酒采用优质大米为原料，将民间传统酿酒技艺和现代技术相结合，经破碎、蒸煮、人工老窖发酵、缓慢蒸馏、按质接酒、长期贮存、勾兑等工序酿成。以此工艺酿制出的堆花酒酒液无色，清澈透明，芳香浓郁，微有植物芳香及独特药香，酒质醇厚，饮后清爽，尾子干净，属于特香型白酒，但具备其特有的风格。

该组最上方的酒标为早期吉安酿酒厂的酒标设计人员校审的草稿，具有一定的纪念意义。

258

80 年代中期"鼓楼牌"堆花特曲

藏 收藏指数：★★★☆☆

¥ 参考价格：3500 元

3800 元（2021 年 5 月）

259

80 年代中期"鼓楼牌"堆花特曲

藏 收藏指数：★★★☆☆

¥ 参考价格：3500 元

3800 元（2021 年 5 月）

新中国成立前夕，吉安一些颇具规模的私营酒坊所产的白酒被当地人称为"堆花谷烧酒"。1952 年吉安酿酒厂建成后，酿制生产堆花酒，使用"鼓楼牌"注册商标，图中该酒为80 年代中期生产。

260

1992年"堆花牌"堆花特曲

🏺 收藏指数：★★☆☆☆

¥ 参考价格：1400元

　　　　1800元（2021年5月）

　　90年代初，堆花牌注册商标经国家工商行政管理总局批准注册。图中该酒于1992年生产，此时的注册商标已由"鼓楼牌"改为"堆花牌"，酒的瓶标上标有度数（50度）、容量（500毫升）、产品标准代号以及配料。

261

80年代"鼓楼牌"堆花特曲

🏺 收藏指数：★★★☆☆

¥ 参考价格：2400元

　　　　3000元（2021年5月）

262

1987 年"鼓楼牌"堆花特曲酒

藏 收藏指数：★★★☆☆

¥ 参考价格：2000 元

2400 元（2021 年 5 月）

263

90 年代初"堆花牌"堆花特曲酒

藏 收藏指数：★★☆☆☆

¥ 参考价格：1600 元

2000 元（2021 年 5 月）

该酒为 90 年代初期生产，此时的注册商标为"堆花牌"，标有酒度、容量、标准代号等信息，此外，在瓶标的左上角还印有中国酒文化节的图章，该文化节于 1988 年在西安举办，也是中国第一次酒文化节。该酒入口有浓香的绵甜感，落口有清香的挺爽劲，后味带有焦酱感，余味悠长，香型典型，是一款优质的喝品酒。虽价格不高，但数量也不多。

264

1992 年"堆花牌"堆花特曲酒

藏 收藏指数：★★☆☆☆

￥ 参考价格：700 元

　　　　　　1000 元（2021 年 5 月）

　　图中该酒为 1992 年生产，除瓶标上标有配料、度数、容量、标准代号等信息外，该酒的瓶标上还标有江西省优质酒、首届中国博览会银奖等获奖信息，此时酒厂的名称已更改为"江西堆花酒厂"。

265

90 年代初"堆花牌"堆花特曲酒

藏 收藏指数：★★☆☆☆

￥ 参考价格：900 元

　　　　　　1400 元（2021 年 5 月）

辽宁

辽海老窖

266

1980 年"辽海牌"陈曲

- 收藏指数：★★★★☆
- 参考价格：4800 元
  7000 元（2021 年 5 月）

辽海陈曲酒于 1981 年获得辽宁省省优。图中该酒于 1980 年生产，注册商标为"辽海牌"，厂名为"大连酒厂"。

辽宁 辽海老窖

　　辽海老窖的厂名大连酒厂于 1913 年建成，当时的厂名为"日本森川酒造株式会社"，主要酿制白酒、黄酒、露酒等。1945 年，酒厂改名为"大连新华造酒厂"并于 1954 年更名为"大连酿酒厂"。1964 年，酒厂名称改为"大连白酒厂"并于 1977 年更名为"大连酒厂"。

　　1975 年"辽海"牌老窖酒初次登市，就博得市场的广泛赞誉。1978 年，在白酒省内评定会上，辽海老窖酒名列前茅，被誉为"既含茅台之香，又有其独特之道"的辽宁名酒。1979 年、1980 年、1983 年辽海老窖连续被评为辽宁省名酒。1984 年，在轻工部全国酒类质量大赛上获银杯奖；1984 年、1988 年在第四届、第五届全国评酒会上被评为国家优质酒银质奖。

　　在生产工艺上，辽海老窖主要原料为东北产优质高粱，以麸曲为主、大曲为辅作糖化发酵剂，经合理配料、粉碎、蒸煮、发酵、蒸馏、取酒、老熟、勾兑等工序酿成。经过该种工艺酿制出来的酱香型白酒酒液无色透明，酱香突出，幽雅细腻，醇厚丰满，回味悠长。

　　如今的大连酒厂其生产的主要产品为营养保健酒以及药酒，在该厂如今生产的产品名录里，早已不见了"老窖""陈曲"的字样，更不要谈其酱香型白酒之辉煌了，昔日名酒如今已经没有了往日的辉煌，令人惋叹。

一组早期酒标

267

1983年"辽海牌"陈曲

🏵 收藏指数：★★★★☆

¥ 参考价格：3500元

　　　　　　4800元（2021年5月）

　　图中的"辽海牌"陈曲酒于1983年生产，是在该酒获得辽宁省优后生产的，因此瓶标上标注有省优奖章。

268

80 年代后期"辽海牌"辽海老窖

- 收藏指数：★★★☆☆
- 参考价格：2200 元
  3000 元（2021 年 5 月）

"辽海牌"老窖酒于 1984 年、1988 年在第四届、第五届全国评酒会上被评为国家优质酒获银质奖。图中为获得国优后生产的辽海老窖。

269

80 年代初期"辽海牌"高粱大曲

- 收藏指数：★★★☆☆
- 参考价格：1800 元
  3000 元（2021 年 5 月）

辽宁

金州曲酒

270

70年代"庆丰牌"金州曲酒

藏 收藏指数：★★★★★

珍稀

　　金州曲酒为浓香型白酒，早期注册商标使用"庆丰牌"，后于80年代初逐渐被"金州牌"注册商标所取代。图中的"庆丰牌"金州曲酒，从瓶型及瓶标特点看，初步断定为70年代产，该酒在收藏市场上很罕见。

辽宁 金州曲酒

　　金州曲酒产于辽宁省大连市金县酿酒厂。金县原名金州，环山临海，气候宜人，有酿酒的自然条件。金州地区酿酒历史很悠久，1943 年建酒厂，1984 年，酒厂名称由"辽宁省金县酿酒厂"更名为"辽宁省金州酒厂"；1989 年，该酒厂更名为"大连市金州酒厂"。

　　54 度金州曲酒于 1973 年试制，1974 年批量生产。该酒于 1978 年被评为辽宁省优质产品。1981 年、1985 年获商业部优质产品金爵奖。1979 年、1984 年、1988 年在第三届、第四届、第五届全国评酒会上被评为国家优质酒银质奖。1985 年投产的 38 度低度酒则于 1988 年在第五届全国评酒会上被评为国家优质酒银质奖。早期注册商标使用"庆丰牌"，后于 80 年代初逐渐被"金州牌"注册商标所取代。

　　金州曲酒为麸曲浓香型白酒。在酿造工艺上，采用东北优质高粱为主要原料，用产酪酸较少的白曲和黑曲霉制成麸曲为糖化发酵剂，用麸皮和酒糟培养酒精酵母、产酯酵母、多元醇酵母及梭状芽胞杆菌等多种微生物为发酵剂。经原料破碎、蒸煮、人工老窖发酵 45 天、缓慢蒸馏、分段摘酒、分级贮存、勾兑调味等工序酿成。采用此工艺酿造出的金州曲酒酒液无色、清亮透明，芳香浓郁、纯正，醇厚绵软，甘洌爽适，余味悠长。

　　尽管金州酒厂（现名为大连金州酒业有限公司）迄今仍是东北地区生产白酒的老字号，但金州酒厂的辉煌已成为过去，不过从该酒厂曾走出了一位中国酒界泰斗于桥，这也算是该酒厂为白酒界作出的一大贡献吧。

一组早期的酒标

271

1980 年左右"庆丰牌"金州曲酒

藏 收藏指数：★★★★★

¥ 参考价格：6000 元

8000 元（2021 年 5 月）

金州曲酒于 1979 年、1984 年、1988 年在第三届、第四届、第五届全国评酒会上被评为国家优质酒银质奖。图中该酒为获得 1979 年国优后生产，当时使用的注册商标仍为"庆丰牌"，厂名名称为"辽宁省金县酿酒厂"。

272

1983 年"金州牌"金州曲酒

藏 收藏指数：★★★★☆

¥ 参考价格：2800 元

4000 元（2021 年 5 月）

80 年代初，"金州牌"注册商标逐渐取代了之前的"庆丰牌"，图中的塑盖金州曲酒于 1983 年生产，挂有该酒获得 1979 年国优酒的优质奖章，此时的酒厂名称仍为"辽宁省金县酿酒厂"。

273

1987 年 "金州牌" 金州曲酒

藏 收藏指数：★★★☆☆

¥ 参考价格：2000 元

　　　　　　3000 元（2021 年 5 月）

　　1984 年，辽宁省金县酿酒厂更名为"辽宁省金州酿酒厂"。图中该酒于 1987 年生产，带有该酒获得全国评酒会国家优质酒的银质奖章。

274

1988 年 "金州牌" 金州曲酒

藏 收藏指数：★★★☆☆

¥ 参考价格：1800 元

　　　　　　3000 元（2021 年 5 月）

275-277

**80 年代中期 "金州牌"
金州老窖**

🏺 收藏指数：★★★☆☆

¥ 参考价格：1400 元

　　　　　2200 元（2021 年 5 月）

**1988 年 "金州牌"
金州老窖**

🏺 收藏指数：★★★☆☆

¥ 参考价格：1400 元

　　　　　2200 元（2021 年 5 月）

**1988 年 "金州牌"
金州陈酒**

🏺 收藏指数：★★★☆☆

¥ 参考价格：1400 元

　　　　　2200 元（2021 年 5 月）

辽宁

老龙口酒

278

70 年代末"红梅牌"陈酿白酒

藏 收藏指数：★★★★☆

珍稀

　　早期中国粮油食品进出口公司监制并出口外销的很多产品，都曾使用过"红梅牌"注册商标—包括黑龙江省出品的"特酿龙滨酒"、"五加皮酒"、"龙泉酒"；辽宁省出品的"千山白酒"、"凌川白酒"等。图中的"红梅牌"陈年白酒为辽宁老龙口酒厂外销出口酒。该酒瓶型美观雅致，具有极高的收藏价值。

辽宁 老龙口酒

　　老龙口酒产于辽宁省沈阳市老龙口酒厂。该厂早在1662年便建成，当时的山西富商买下空地，创办"义隆泉"烧锅，所酿之酒芳香宜人、醇厚爽甜，备受欢迎。1752年"义隆泉烧锅"改为"德龙泉"烧锅，1871年又改为"万隆泉"烧锅。新中国成立后，沈阳特别市政府专卖局购买"万隆泉"烧锅全部资产，定名为"沈阳特别市专买局老龙口制酒厂"。1949年，酒厂改建，因厂内凿有龙泉古井，水质清澈透明，甘甜适口，素有龙潭水之称，又因厂址地处清朝盛京东边门，正置龙城之口，故改名为"老龙口制酒厂"，实现了酒厂的国有化。1951年，酒厂改名为"沈阳市烧酒一厂"；1960年10月1日定名为"沈阳市老龙口酒厂"；1966年9月改名为"太阳升酒厂"，1973年1月恢复为"沈阳市老龙口酒厂"。

　　老龙口酒厂于1956年投产老龙口酒，1958年便被评为辽宁省优质酒，1987年获辽宁省优质产品称号，1984年在轻工部全国酒类质量大赛上获银质奖。

　　在生产工艺上，其主要原料为优质高粱，采用传统的酿酒工艺，经粉碎、配料、蒸煮糊化、晾楂、加曲、入窖发酵、蒸馏取酒、贮存、勾兑等工序酿成。按此工艺酿造出来的酒酒液无色透明、酱香突出，幽雅细腻，入口醇厚，余味悠长。

　　老龙口酒厂最有特色的是酒厂内的博物馆，尽管该馆面积不大，但在馆藏文物方面能看出酒厂在此方面颇下了功夫并且坚持不懈地在做着传统酒文化的挖掘和传承，藏品（尤其是本厂各个时期生产的白酒藏品）丰富、齐全、有深度。相比之下，我也曾去过很多其他酒厂的博物馆，其中不乏某些名酒的博物馆，这些博物馆没有真正的历史资料、甚至连本酒厂曾经生产的系列白酒都没有，总而言之，没有任何历史的沉淀，充其量就是一个空洞的展示馆，而根本称不上是博物馆。老龙口酒厂的博物馆全面、生动、有深度的酒文化展示，我认为，非常值得其他酒厂借鉴。

279

80 年代"老龙口牌"陈酿头曲

🏛 收藏指数：★★★☆☆

🈯 参考价格：2200 元

　　　　　　3200 元（2021 年 5 月）

　　老龙口陈酿头曲酒多次被评为辽宁省
名酒。1980 被评为辽宁省优质产品，1984
年，在轻工业部酒类质量大赛中荣获银杯
奖。图中的老龙口陈酿头曲酒于 80 年代
初生产，注册商标为"老龙口牌"。

280

90 年代初"老龙口牌"陈酿大曲

藏 收藏指数：★★☆☆☆

¥ 参考价格：800 元

1600 元（2021 年 5 月）

281

80 年代"老龙口牌"陈酿大曲

藏 收藏指数：★★★☆☆

¥ 参考价格：2000 元

3600 元（2021 年 5 月）

　　老龙口酒的历史文化，在 2002 年建立的老龙口酒博物馆中得到了传承。在全国各酒厂的博物馆中，老龙口酒厂的博物馆历史积淀最为深厚，该酒厂的"酒文化展区"中收藏了 20 世纪不同时期的老龙口老商标和老产品，为我们追忆老龙口之历史提供了窗口。

内蒙古

宁城老窖

282

80 年代初 "大明塔牌" 宁城老窖

藏 收藏指数：★★★★☆

¥ 参考价格：2500 元

4200 元（2021 年 5 月）

宁城老窖于 1979~1988 年五次被评为内蒙古自治区优质产品。该酒为 80 年代前期内蒙古宁城县八里罕酒厂生产，当时的注册商标为"大明塔牌"。该酒酒标"宁城老窖"四字背景呈绿色，在收藏市场较为少见。

内蒙古 宁城老窖

　　宁城老窖产于内蒙古自治区宁城县八里罕镇。八里罕镇有着千年的酿酒历史，早在辽代就有多处大型酿酒作坊，辽代统治者在宁城地区建都为辽中京，当时八里罕镇就有隆盛泉、天巨泉、景泰泉等几大酿酒酒坊。随着历史的推进、时代的更替，到了元、明、清时，这里的酿酒业更趋兴旺，历经千年的"隆盛泉"酒坊就是宁城老窖的前身。

　　1958年，政府在老酒坊旧址建宁城县八里罕酒厂，厂区位于佳泉源头——龙潭脚下，南与疗养胜地热水温泉比邻，东与远近闻名的辽中京"大明塔"遥望。老厂区横跨八里罕河南北两岸，群山环抱，山清水秀，气候温和，草茂粮丰，是个酿酒的好地方。

　　1978年，宁城老窖酒投产。该酒一经面世就获得许多奖项：1979~1988年五次被评为内蒙古自治区优质产品，1984年获轻工业部酒类质量大赛金杯奖，1986年，被评为内蒙古自治区名酒，1988年全国评酒会上被评为国家优质酒银质奖。注册商标为"大明塔牌"，后于90年代初改为"宁城牌"。1987年，原国家副主席乌兰夫来到宁城老窖，并亲笔题写了"塞外茅台"，至此，宁城老窖品牌更是享誉全国。1993年，酒厂更名为"内蒙古宁城老窖酒厂"。

　　在生产工艺上，宁城老窖选用优质高粱为原料，采用河内白曲、多种生香酵母为糖化发酵剂，引景泰泉、隆盛泉、天巨泉水为酿造用水，经合理配料、蒸煮糊化、人工老窖发酵、缓慢蒸馏、量质摘酒、分级陈贮、勾兑调味等工序酿成。经此工艺生产出来的宁城老窖酒酒液无色透明，窖香浓郁，绵甜爽口，香味和谐，尾净悠长。

　　宁城老窖酒业始建于50年代，兴于八九十年代，衰于21世纪初。到了21世纪初，酒厂一度跌入谷底，尽管改革后更名为"内蒙古宁城老窖生物科技有限公司"，却仍不能改变其沉寂市场的命运。2005年，公司与"牛栏山"二锅头品牌的拥有者——北京顺鑫农业成功重组，更名为"内蒙古顺鑫宁城老窖酒业有限公司"。

283

80 年代中后期 "大明塔牌" 宁城老窖

藏 收藏指数：★★★★☆

¥ 参考价格：1800 元

　　　　　3600 元（2021 年 5 月）

　　1984 年，宁城老窖酒获轻工业部酒类质量大赛金杯奖。图中该酒为获奖后所生产，使用的注册商标仍为"大明塔牌"，该酒的颈标上印有"金杯奖"奖标。

284

1993 年"宁城牌"宁城老窖

藏 收藏指数：★★★☆☆

¥ 参考价格：1000 元

2000 元（2021 年 5 月）

　　图中的金属旋盖宁城老窖于 1993 年生产，此时的注册商标已由"大明塔牌"改为"宁城牌"。该酒的颈标上标有"中国优质酒"奖章，意指宁城老窖在 1988 年全国评酒会上被评为国家优质酒银质奖。

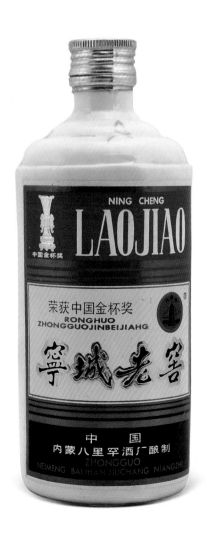

285

80 年代末"大明塔牌"宁城老窖

藏 收藏指数：★★★★☆

¥ 参考价格：1600 元

3200 元（2021 年 5 月）

　　1984 年，宁城老窖酒获轻工业部酒类质量大赛金杯奖。图中金属旋盖宁城老窖酒使用的注册商标仍为"大明塔牌"，在酒瓶标处显示荣获"中国金杯奖"，此时的厂名仍为"内蒙古八里罕酒厂"。

286

90 年代初"宁城牌"宁城老窖

藏 收藏指数：★★★☆☆

¥ 参考价格：1200 元

2400 元（2021 年 5 月）

图中的白玻璃瓶金属旋盖"宁城牌"宁城老窖为 20 世纪 90 年代初生产，在该酒的瓶标上标有"中国轻工金杯""中国银质奖"、以及"日本国际金奖"的图标及字样，展现了宁城老窖酒在 80 年代末 90 年代初的辉煌历史。该酒酒度为 53 度，容量为 500 毫升。

287

1995 年"宁城牌"宁城老窖

藏 收藏指数：★★☆☆☆

¥ 参考价格：800 元

1800 元（2021 年 5 月）

1993 年，酒厂名称由"内蒙古宁城县八里罕酒厂"更名为"内蒙古宁城老窖酒厂"。此后生产的酒，厂名均为"内蒙古宁城老窖酒厂"。

288

90 年代"宁城牌"宁城二曲

藏 收藏指数：★★☆☆☆

¥ 参考价格：600 元

1400 元（2021 年 5 月）

289

90 年代初"宁城牌"宁城陈酒

藏 收藏指数：★★★☆☆

¥ 参考价格：1200 元

1900 元（2021 年 5 月）

内蒙古

向阳陈曲

290

80 年代初"向阳牌"陈曲

收藏指数：★★★★☆

参考价格：3800 元

稀少（2021 年 5 月）

向阳牌陈曲酒于 1984 年、1988 年两届评酒会上被评为中国优质酒银质奖，图中该酒的厂名为"赤峰市制酒厂"，该酒当时为棉纸包装，包装完好，在收藏市场较为稀缺。

内蒙古 向阳陈曲

　　向阳牌陈曲由内蒙古自治区赤峰第一制酒厂精心酿制，为麸曲浓香白酒。该酒厂前身是新中国成立前在塞北重镇赤峰享有盛誉的始建于1869年的"乾尉兴"烧锅，距今已有一百多年历史。

　　向阳牌陈曲一经问世便被广大消费者誉为酒坛新秀，连续七年被评为自治区优质产品，多次在自治区评酒会上独占鳌头。1984年获轻工业部酒类大赛银杯奖；1984年、1988年第四届、第五届全国评酒会上被评为国家优质酒银质奖。这是内蒙古自治区酿酒行业自新中国成立以来在全国历届评酒会上荣获的第一块奖牌，结束了内蒙古自治区无国家名优酒的历史。1987年的陈曲酒又荣获内蒙古名酒称号，同年在东北轻工名牌产品会评奖活动中荣获金杯奖。

　　向阳牌陈曲酒是古老传统工艺与现代科技技术相结合的结晶。它采用当地优质高粱为原料，工艺集百家之长，使陈曲酒质量日臻完美。陈曲酒以其浓郁的芳香、绵甜柔和的口味、尾净和悠长的余味、不上头不刺喉的特点而为行家们所称道。

　　向阳牌陈曲其品牌的价值遗憾未能得到延续，企业也沉寂市场多年。如今的内蒙古赤峰向阳陈曲酒业有限公司于2005年被燕京啤酒（赤峰）有限公司收购，希望这家老牌企业，能重新走向复兴之路。

291

1986 年"向阳牌"陈曲

藏 收藏指数：★★★☆☆

¥ 参考价格：2200 元

4000 元（2021 年 5 月）

图中的向阳牌陈曲酒为 1986 年生产，250 毫升装。在该酒的瓶标上标明该酒于 1984 年获得"国家优质产品银质奖"，此时酒厂的厂名更名为"赤峰第一制酒厂"。

292

1991 年"向阳牌"陈曲

藏 收藏指数：★★★☆☆

¥ 参考价格：1200 元

3000 元（2021 年 5 月）

图中该瓶"向阳牌"陈曲酒为 1991 年生产，在该酒瓶标上除了印有国家优质酒银质奖章、产品标准代号、配料、容量及度数之外，还有溥杰于 1988 年品尝该酒后的题词"陈曲"二字。该酒经本人品鉴，陈香突出，绵甜柔和，醇厚协调，爽口，与川派和江淮派浓香白酒有明显区别，是一款有特色的喝品。

293

90 年代初"向阳牌"陈曲

藏 收藏指数：★★★☆☆

¥ 参考价格：1200 元

2800 元（2021 年 5 月）

　　图中的白瓷瓶"向阳牌"陈曲酒产于 90 年代初，瓶上有溥杰题字，在该酒瓶正身上标明陈曲酒曾获得 1984 年、1989 年两届全国评酒会国家银质奖。酒度为 55 度，该酒为麸曲浓香型。

294

90 年代初"向阳牌"陈曲

藏 收藏指数：★★★☆☆

¥ 参考价格：900 元

2000 元（2021 年 5 月）

295

1993 年"向阳牌"向阳陈曲酒

收藏指数：★★★☆☆

参考价格：800 元

1500 元（2021 年 5 月）

　　图中的白玻璃瓶、金属旋盖"向阳牌"向阳陈曲酒于 1993 年生产，在该酒的背标上印着该酒厂在当时（1993 年）已有 130 余年的悠久历史，其正标上"香飘草原四千里，位居北疆第一家"为 1989 年当时的人大副委员长布赫为陈曲酒所题之词。该酒为 38 度，500 毫升。

296

90 年代初"向阳牌"兄弟醇陈曲

收藏指数：★★★☆☆

参考价格：1000 元

2000 元（2021 年 5 月）

山东
坊子白酒
297

80年代"坊子牌"坊子酒

藏 收藏指数：★★★★☆

¥ 参考价格：6400元

1万元（2021年5月）

图中的礼盒装"坊子牌"白酒，为当之无愧的"齐鲁美酒"，当时的坊子酒厂为每一种坊子酒精心配上古代的酒器图，其中包括：坊子大曲（日己方彝 西周出土）；坊子老窖（何尊 西周酒器）；坊子特曲（折觥 西周酒器）；坊子佳酿（蟠龙兽面纹罍 西周酒器）。不过有趣的是，这上面提到的四种酒器，都不是山东出土的。

山东省 坊子白酒

坊子白酒产于山东省潍坊市坊子区，该地区酿酒历史悠久，1957 年在此地发掘出大量珍贵的龙山文化文物，其中就有大批的黑陶酒器。坊子区山水秀美，生产优质瓜干、高粱，为传统手工酿制坊子串香白酒提供了得天独厚的优越环境。

坊子白酒的厂名山东坊子酒厂于 1948 年初建，该厂是古老的坊子镇最早的国营工厂，最初名为"山东坊子大华酒厂"。1953 年改名为"山东坊子酒厂"。建厂初期，设备简陋、品种单一、生产规模小，年产白酒不过 600 吨，当时的生产工艺沿用我国千百年来的传统甑锅蒸酒和手工操作。1962 年，酒厂将固态发酵改为液态发酵、固体增香、复蒸串香的新工艺，这使坊子白酒酿造实现了半机械化连续生产，产品质量有了稳步提高。1964 年开始采用液态法生产薯干串香白酒，酒度为 62 度。

1972 年以来，坊子白酒连续十七年在全省同类酒评比中，名列前茅。1979 年被山东省一轻厅评为优质名牌产品，1978 年被评为山东省优质酒，1979 年、1984 年、1988 年在第三届、第四届、第五届全国评酒会上均被评为国家优质酒银质奖，1984 年在轻工部举行的酒类质量大赛中获银杯奖，1988 年，59 度、54 度坊子白酒双双获得中国首届食品博览会金奖。

坊子白酒选用优质薯干为原料，麸皮、稻壳为辅料，以麸曲、酵母为糖化发酵剂，以纯净甘美的白浪河水为酿造用水。采用清蒸去杂方法生产香醅，再用液态发酵生产的食用酒精与香醅复蒸串香，经勾兑调味等工艺酿制而成。酒液清亮透明、醇香味正，入口醇和，饮后回甜有余香。

值得一提的是，在中国比较困难的时期，坊子酒厂利用薯干作为原料，液态化发酵及食用酒精串香，在当时为国家节约粮食作出了很大贡献，且酿出的白酒比如今酒厂直接勾兑食用酒精生产出来的白酒，酒质要好很多。不过使用该种工艺生产的坊子白酒只能归集为低端白酒，因此随着生活水平的提高，这种低端酒在市场上逐渐失去优势，酒厂也因此陷入了困局。如今的坊子酒厂于 2000 年初改制成立山东板桥酒业有限公司，现正寻求向高端酒方向发展。

298

70 年代末"坊子牌"坊子白酒

[藏] 收藏指数：★★★★☆

[¥] 参考价格：5800 元

　　　　　　8000 元（2021 年 5 月）

　　坊子白酒于 1978 年被评为山东省优质酒，并于 1979 年被山东省一轻厅评为优质名牌产品。图中该酒为玻璃瓶、压盖。

299

1980 "坊子牌"坊子酒

[藏] 收藏指数：★★★★☆

[¥] 参考价格：3300 元

　　　　　　5000 元（2021 年 5 月）

　　图中该酒为玻璃瓶、塑盖"坊子牌"坊子白酒，该酒于 1980 年生产，该酒酒标上标有"62 度"，62 度是在原始状态下蒸馏储存后的酒最为接近的度数，将这种原始度数直接定为瓶装酒度数，没有任何人工修饰成分，是本人非常欣赏的该时代酿酒人质朴、实在的风格。相比之下，如今很多酒厂竞相推出的四十余度原浆酒，则让人感到滑稽可笑，因为稍具白酒常识的朋友都知道，按照传统工艺蒸馏出的白酒度数一般都在六十到七十度之间。所谓四十余度的原浆酒，何来之有？

300

80 年代末 "坊子牌" 坊子白酒

藏 收藏指数：★★★☆☆

￥ 参考价格：1400 元

2000 元（2021 年 5 月）

坊子白酒于 1979 年、1984 年、1988 年在第三届、第四届、第五届全国评酒会上均被评为国家优质酒银质奖。图中该酒为坊子白酒获得三连冠后生产，在该酒的瓶标上标有配料、度数（54 度）及容量（500 毫升），坊子白酒选用优质薯干为原料、液态化发酵及食用酒精串香，曾在"国家困难时期"为节约粮食作出了很大贡献。

301

1993 年 "坊子牌" 坊子白酒

藏 收藏指数：★★★☆☆

￥ 参考价格：900 元

1600 元（2021 年 5 月）

302

1996 年"坊子牌"坊子白酒

📦 收藏指数：★★☆☆☆

💴 参考价格：700 元

　　　　　　1300 元（2021 年 5 月）

303

80 年代末中华礼品酒

📦 收藏指数：★★★☆☆

💴 参考价格：1300 元

　　　　　　2200 元（2021 年 5 月）

山东
兰陵特曲

304

80 年代初"兰陵牌"兰陵大曲

藏 收藏指数：★ ★ ★ ★ ☆

¥ 参考价格：4400 元

8000 元（2021 年 5 月）

兰陵美酒厂在 80 年代生产有兰陵大曲、兰陵特曲以及兰陵美酒等，其中兰陵美酒为低度甜型黄酒，兰陵大曲、兰陵特曲为浓香型白酒，兰陵大曲酒于 1952 年投产，自 1978 年来历次评酒都被评为山东省优质酒。

山东 兰陵特曲

兰陵特曲产于山东省苍山县兰陵镇。兰陵镇泉水纯净甘洌，适宜酿酒，明代已颇具名气。

1948年11月，政府在原有醴源、开源等10家私人酒坊的基础上，建立了国营山东兰陵美酒厂，沿用传统工艺，恢复酒生产。

兰陵酒厂早期生产的酒主要分为两种类型：一种为白酒，主要有兰陵大曲、兰陵特曲，其中兰陵大曲酒为54度，自1978年以来历次评酒被评为山东省优质酒；兰陵特曲酒于1987年被评为山东省优质酒，1987年、1988年连获山东十佳白酒称号。另一种为甜型黄酒，也就是我们熟知的兰陵美酒。兰陵美酒的酿制历史悠久，1914年便在山东省第一次物品展览会上获得优等金质奖章，1970年、1978年、1983年均被评为山东省优质酒。

兰陵酒厂出品的白酒选用优质高粱为原料，以小麦、大麦、豌豆制成高温曲为糖化发酵剂，以纯净的地下水为酿造用水，采用传统老五甑生产工艺，经配料蒸煮、人工老窖发酵、缓火蒸馏、掐头去尾、按质摘酒、长期贮存等工序酿成。

1993年春，经过不断的规模化发展，以山东兰陵美酒厂（1994年6月改组为兰陵美酒股份有限公司）为核心，组建成立了山东兰陵企业（集团）总公司。后来随着鲁酒的整体滑坡等各种问题，兰陵销量萎缩，步履维艰，企业效益跌入低谷。近年来，兰陵集团重新整装待发，推出了多款系列酒，期待这个有着千年历史文化的品牌能重振旗鼓。

一组早期的兰陵酒酒标

305

80 年代初 "兰陵牌" 兰陵特曲

🏺 收藏指数：★ ★ ★ ★ ☆

🎏 参考价格：2800 元

　　　　　5000 元（2021 年 5 月）

　　兰陵特曲酒于 1952 年投产，1987 年被评为山东省优质酒，并多次获得山东十佳白酒称号。

306

80 年代初 "兰陵牌" 兰陵特曲

🏺 收藏指数：★ ★ ★ ★ ☆

🎏 参考价格：2500 元

　　　　　4000 元（2021 年 5 月）

　　图中的兰陵特曲酒为 80 年代初生产，该酒造型美观古雅、颇具艺术诣趣，在收藏市场较为少见。

307

80 年代"兰陵牌"兰陵特曲

藏 收藏指数：★★★★☆

羊 参考价格：2600 元

4000 元（2021 年 5 月）

　　棕色陶罐瓶型与下图中的白玻璃瓶型都是 80 年代兰陵特曲推出的主流瓶型，这些酒如今在收藏市场上尚有存量，较受藏家青睐。

308

80 年代末 90 年代初"兰陵牌" 兰陵特曲

藏 收藏指数：★★★☆☆

羊 参考价格：1200 元

2200 元（2021 年 5 月）

309

80 年代末 90 年代初"兰陵牌"兰陵特曲

藏 收藏指数：★ ★ ★ ☆ ☆

¥ 参考价格：1000 元

2000 元（2021 年 5 月）

310

80 年代中期"兰陵牌"兰陵美酒

藏 收藏指数：★ ★ ★ ★ ☆

¥ 参考价格：3000 元

6000 元（2021 年 5 月）

兰陵美酒属于甜型黄酒，酒度为 28 度，该酒于 1970 年、1978 年、1983 年均被评为山东省优质酒。兰陵美酒为琥珀色、清澈透明、有光泽，醇香馥郁，黍米香气突出，诸味协调，甜度适宜，回味悠长。兰陵美酒适宜热饮，常饮能舒筋活血、健胃养脾、驱寒散寒。

山东
古贝春

311

1987 年古贝春

藏 收藏指数：★★★★☆

¥ 参考价格：2200 元

4000 元（2021 年 5 月）

1976 年，"古贝春"酒试制成功。古贝春产于武城县，古称"贝州"，古贝春之名由此得来。古贝春曾获得多项殊荣，1983 年、1987 年被评为山东省优质产品。图中该酒封口处标明"山东名酒"，瓶标上由印章盖印着"五十三度"字样。

山东 古贝春

古贝春酒产于山东省武成县。武城县古称贝州，20 世纪 50 年代，在当地文物中发现一坛好酒，经考古学家鉴定，该酒制于西汉时期，证明该地区酿酒历史悠久。

武城酒厂于 1952 年由民间几家酒作坊开始筹建；到 1958 年建武城县酒厂，挖掘传统工艺，生产白酒。1975 年，在经过兰陵、景芝、洋河、泸州等名酒厂的取经学习后，武城酒厂以当地优质红粮、小麦为主要原料的"武城特曲"酒试验成功，各项技术指数都达到了优质酒的标准，这就是后来更名为"古贝特曲"的优质曲酒。1976 年，为生产出更高水平的美酒，酒厂组织人员去五粮液酒厂取经，终于试制成功并取名为"古贝春"酒。

古贝春一经面世获得多项奖项：1984 年获轻工业部酒类质量大赛铜杯奖；1983 年、1987 年被评为山东省优质产品。古贝春酒选用当地产黍米、高粱、糯米、玉米、小麦为原料，以高温曲为糖化发酵剂，取甘甜柔软运河水为酿造用水。采用清蒸清烧工艺，经配料、蒸煮、低温入窖发酵、缓慢蒸馏、长期陈贮、勾兑调味等工序酿成。经此工艺酿造出的白酒无色透明，窖香浓郁，绵柔醇厚，甘洌爽口，回味悠长。

1999 年，酒厂改制，成立古贝春集团有限公司，如今该厂生产多种香型的白酒：五粮液（浓香）、古贝春（浓香、酱香、兼香），该公司已成为鲁酒大军中不容小觑的中坚力量。

一组早期的武城酒厂酒标

312

1988 年古贝春

藏 收藏指数：★★★★☆

￥ 参考价格：2000 元

3400 元（2021 年 5 月）

313

80 年代中后期 "古贝春牌" 古贝春

藏 收藏指数：★★★★☆

￥ 参考价格：2000 元

3400 元（2021 年 5 月）

　　图中的棕陶瓶古贝春酒，古朴简洁、给人豪放大气之感。

314

80 年代末"古贝春牌"古贝春

藏 收藏指数：★★★☆☆

¥ 参考价格：1400 元

2200 元（2021 年 5 月）

图中的白瓷瓶塑盖古贝春酒，瓶标上标注着 54 度、450 毫升等信息，并挂有 1984 年荣获轻工部酒类质量大赛铜杯奖的奖牌。

315

80 年代后期东阳好酒

藏 收藏指数：★★★☆☆

¥ 参考价格：1800 元

3000 元（2021 年 5 月）

图古贝春的产地山东省武城县，古称贝州，在西汉时，被称为东阳县，"东阳好酒"由此得名。

316-318

**80 年代中后期
古贝佳酿**

🏺 收藏指数：★★★☆☆

¥ 参考价格：1400 元

　　　　2200 元（2021 年 5 月）

80 年代后期古贝大曲

（原武城大曲）

🏺 收藏指数：★★★☆☆

¥ 参考价格：1400 元

　　　　2200 元（2021 年 5 月）

**90 年代初"古贝牌"
古贝酒**

🏺 收藏指数　★★☆☆☆

¥ 参考价格：1000 元

　　　　1800 元（2021 年 5 月）

山东
景芝白干
319

1980 年 "景芝牌" 景芝白干

▨ 收藏指数：★★★★☆

珍稀

景芝白干，古称景芝高烧。景芝白干酒于 1963 年便已获得山东名酒称号，1980 年、1983 年、1987 年被评为山东省优质酒。图中该酒度数较高，有 62 度。值得一提的是，在该酒酒瓶外还用细绳绑有一层宣纸，因保存时间久远，纸上的酒渍污痕渗透到了酒瓶标之上，再加上宣纸上写着的 80.12（时间），因此，显得更具历史价值。

山东 景芝白干

　　景芝白干，古称景芝高烧，产于山东省安丘县景芝镇。景芝酒厂有着数百年的历史，据文献记载，"明代洪武年间，景芝镇年纳酒课税银一百锭四贯""产白酒颇著"，当时的白酒，就是如今的景芝白酒的前身。新中国成立前的景芝酿酒业，采用的是传统的手工操作工艺，酿酒的现场称之为"烧锅"，烧锅的主人叫锅主，锅主通常通过承包各酒店的来料加工生意盈利。当时镇上有烧锅约20座，大小酒店百余家，所产的酒以麦曲、高粱为原料酿制，故称之为"景芝高烧"。

　　1948年，政府建国营生产销售景芝酒的企业，开始称为"裕华酒店"，后又改称"坊子研究总店景芝分店""昌潍酒业专卖处景芝分厂""昌潍实业公司景芝酿酒厂"，最后于1954年正式命名为"山东省安丘县景芝酒厂"。

　　景芝白干面市后，于1963年获山东名酒称号；1980年、1983年、1987年被评为山东省优质酒；1984年在轻工业部酒类质量大赛中获银杯奖。

　　景芝白干酒液无色，清亮透明，酒香纯正，芝麻香气幽雅，酒体丰满，口味柔和，绵甜爽净，饮后余香。在生产工艺方面，景芝白干以优质高粱为原料，中温麦曲作糖化发酵剂，取厂院内古井泉水为酿造用水，经配料蒸煮、砖池发酵、甑锅蒸馏、分段摘酒、长期贮陈、勾兑等工序酿成。

　　除芝麻香型的景芝白干外，景芝酒厂还生产浓香型景芝特酿、景阳春等酒。其中，景芝特酿与景芝白干都使用"景芝牌"注册商标，该酒于1971年投入生产，1979年、1984年被评为山东省优质酒；景阳春于1972年投产，注册商标为"景阳春"牌，1987年被评为山东省优质产品；1988年、1989年获山东十佳名酒称号。

　　如今的景芝酒厂，一直发扬其传统的芝麻香型酿造工艺，成为山东省大型重点酿酒企业、中国白酒生产50强企业以及中国最大的芝麻香型白酒生产企业。

320

1980 年左右 "景芝牌" 景芝白干

收藏指数：★★★★☆

珍稀

321

80 年代中后期景芝特级白干（中）

- 收藏指数：★★★☆☆
- 参考价格：2800 元
  5400 元（2021 年 5 月）

80 年代中后期景芝特级白干（小礼盒两瓶装）

- 收藏指数：★★★☆☆
- 参考价格：3000 元
  5800 元（2021 年 5 月）

　　景芝白干于 1984 年在轻工业部酒类质量大赛中获银杯奖，图中绿色陶瓷瓶景芝特级白干酒为 80 年代中后期生产。

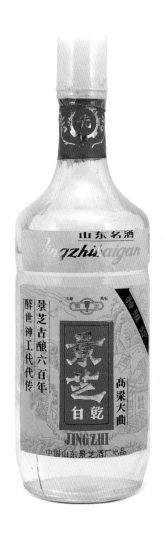

322

1986 年"景芝牌"景芝白干

藏 收藏指数：★★★☆☆

¥ 参考价格：1800 元

3200 元（2021 年 5 月）

323

90 年代初"景芝牌"景芝白干

藏 收藏指数：★★☆☆☆

¥ 参考价格：1200 元

2000 元（2021 年 5 月）

　　黑色陶瓷瓶的景芝白干瓶标上标有度数（44度）、净含量（500 毫升）、标准代号以及配料。

324

70年代末"景芝牌"景芝特酿

🏛 收藏指数：★★★★☆

珍稀

　　景芝特酿为浓香型白酒，该酒于1971年投产，1979年、1984年被评为山东省优质酒。图中该酒为70年代末生产的250毫升装白酒。

325

80年代"景芝牌"景芝特酿

🏛 收藏指数：★★★☆☆

💰 参考价格：2800元

　　　　　　5800元（2021年5月）

326

80 年代中期"景芝牌"景芝二曲

藏 收藏指数：★★★☆☆

¥ 参考价格：1800 元

3200 元（2021 年 5 月）

327

80 年代中期景阳春（外销）

藏 收藏指数：★★★☆☆

¥ 参考价格：2200 元

4000 元（2021 年 5 月）

景阳春其酒瓶设计灵感得益于武松景阳冈打虎之经典，是中国古典文化与酒文化巧妙结合的典范之作。该酒于 1973 年问世，是山东省第一个浓香型粮食白酒，也是该省第一个出口创汇白酒，多次获得山东名酒等荣誉。

山西
六曲香

328

1976 年"仙鹤牌"六曲香

收藏指数：★★★★★

孤品

稀缺（2021 年 5 月）

　　1973 年，65 度六曲香投产。该酒于 1974 年被评为山西省名酒，图中的长玻璃瓶型、压盖六曲香酒，厂名为山西省祁县酒厂，注册商标使用的是"仙鹤牌"，该注册商标是六曲香酒早期使用的商标，在收藏市场极为少见。

山西 六曲香

六曲香产于山西省祁县。据称在春秋战国时期，祁县民间就有用高粱酿酒的习俗，代代相传至今。1950年，由华北酿酒业专卖公司山西分公司直接投资，在原私人作坊的基础上，组建华北酿酒业专卖公司陕西省分公司祁县酒厂。1952年轻工部推广麸曲酒工艺后，该厂采用了麸曲法生产普通白酒。1964年，祁县酒厂与汾酒厂协作，开始利用多种微生物作糖化发酵剂，进行新工艺白酒试验，1966年新工艺白酒六曲香试制成功，1973年投产65度麸曲酒六曲香，1984年投产62度酒，1986年厂名由"山西省祁县酒厂"更改为"祁县六曲香酒厂"。

65度的六曲香酒于1974年被评为山西省名酒，1979年、1984年、1988年在第三届、第四届、第五届全国评酒会上被评为国家优质酒银质奖。此外，62度、53度的六曲香酒于1988年在第五届全国评酒会上被评为国家优质酒银质奖。

70年代，六曲香曾使用过"古杯牌""仙鹤牌"注册商标，从80年代至今，六曲香使用注册商标"麓台牌"。

作为一款清香型白酒，六曲香酒液无色透明，清香纯正，醇和爽口，绵软回甜，饮后余香。该酒原料采用东北产优质高粱，从汾酒工艺筛选用六种菌和单独培养，混合使用制成麸曲和酒母为糖化发酵剂。在工艺操作上的，六曲香的特点是突出一个"清"字，即原料清蒸，辅料清蒸，清蒸配醅，清蒸流酒等一清到底的工艺。

遗憾的是，曾经被誉为"全国多微麸曲清香白酒的首创厂和代表厂"的祁县六曲香酒厂，却无法将其80年代的辉煌继续书写下去，进入90年代，酒厂开始走下坡路，到了1994年，酒厂的生产跌入谷底，最终在市场慢慢沉寂。2001年，北京红星股份有限公司入股祁县六曲香酒厂，成立了北京红星股份有限公司六曲香分公司。

329

1982 年"古杯牌"六曲香

藏 收藏指数：★★★★☆

¥ 参考价格：2800 元

5800 元（2021 年 5 月）

　　图中该酒为 1982 年生产的玻璃瓶、压盖六曲香，此时的注册商标为"古杯牌"，厂名名称为"山西省祁县酒厂"。

330

1982 年"麓台牌"六曲香

藏 收藏指数：★★★★☆

¥ 参考价格：2600 元

5500 元（2021 年 5 月）

　　图中该酒为 1982 年产玻璃瓶、压盖六曲香，该酒采用"麓台牌"注册商标，该商标于80 年代初使用，取代了之前的"古杯牌""仙鹤牌"注册商标。

331

1984 年"麓台牌"六曲香

藏 收藏指数：★ ★ ★ ★ ☆

¥ 参考价格：2400 元

5000 元（2021 年 5 月）

332

1987 年"麓台牌"六曲香酒

藏 收藏指数：★ ★ ★ ☆ ☆

¥ 参考价格：1400 元

2200 元（2021 年 5 月）

六曲香酒于 1979 年、1984 年、1988 年在第三届、第四届、第五届全国评酒会上被评为国家优质酒银质奖。图中"麓台牌"六曲香酒为 60 度，瓶标上标有国家优质酒银质奖章。值得一提的是，1986 年厂名由"山西省祁县酒厂"更改为"祁县六曲香酒厂"。

333

1987 年 "麓台牌" 六曲香酒

藏 收藏指数：★★★☆☆

¥ 参考价格：1800 元

　　　　　　3600 元（2021 年 5 月）

　　六曲香酒曾获得山西省名酒称号，并多次获得全国白酒评酒会国优酒称号，图中的方玻璃瓶型六曲香酒挂有国家优质酒奖牌；此外，在该酒背标上还注明了该酒采用的原料、香型、口感以及获得的相关奖项。

334

80 年代末 "麓台牌" 六曲香

藏 收藏指数：★★★☆☆

¥ 参考价格：1600 元

　　　　　　3000 元（2021 年 5 月）

335-336

80 年代后期"麓台牌"六曲香（图左）

▣ 收藏指数：★★★☆☆

¥ 参考价格：1400 元

2200 元（2021 年 5 月）

1988 年"麓台牌"六曲香（图右）

▣ 收藏指数：★★★☆☆

¥ 参考价格：1400 元

2200 元（2021 年 5 月）

图中的陶瓷瓶六曲香酒均为 80 年代末期生产，该酒采用塑盖封膜，造型简单雅致、古朴大气，该酒在当时六曲香系列酒中属于定位较为高端的一款酒。

337-339

**1992 年"麓台牌"
六曲香酒**（48 度）

🏺 收藏指数：★★☆☆☆

¥ 参考价格：600 元

1100 元（2021 年 5 月）

**90 年代"麓台牌"
六曲香酒**（38 度）

🏺 收藏指数：★★☆☆☆

¥ 参考价格：800 元

1200 元（2021 年 5 月）

**1997 年"麓台牌"
六曲香酒**（45 度）

🏺 收藏指数：★☆☆☆☆

¥ 参考价格：500 元

900 元（2021 年 5 月）

山西

竹叶青

340

70 年代"四新牌"竹叶青酒

藏 收藏指数：★★★★★

珍稀

　　"四新牌"竹叶青酒是"文革"时代的产物，是为了顺应当时"破四旧、立四新"的口号而生。当时的山西杏花村汾酒厂生产有"四新牌"汾酒以及"四新牌"竹叶青酒。"文革"时期的酒在陈酒藏界一直颇受欢迎，一是由于其年份长久而备显稀缺，二是由于该酒代表着一段珍贵的历史回忆。

山西 竹叶青

竹叶青酒，被称为我国酒类一大奇葩，早在公元三世纪即作为人们称赞的美酒出现于文献中。北周文学家庾信写道"田家足闲暇，士友暂流连。三春竹叶酒，一曲鹍鸡弦"。我国各地生产的竹叶青，以山西省汾阳县杏花村汾酒厂的产品最为优异。

最古老的竹叶青酒，单纯加入竹叶浸泡，其色青味美，故得其名。而今的竹叶青酒，是汾酒的再制品。竹叶是一味中药，味辛甘淡、性寒，有清热除烦止渴的作用，适用于温热病、心烦口渴、睡眠不安症，并能化痰止咳，可治肺有热的咳嗽气喘。

清代光绪年间，汾阳地区有"宝泉益"酒坊，1915 年易名"义泉涌"，1932 年并入晋裕汾酒股份有限公司。1914 年至 1933 年，酒厂以汾酒为基础酒，辅以其他多种药材，配置成竹叶青酒。由于各方面原因，酒厂于 1947 年停产。1948 年，山西杏花村汾酒厂在晋裕汾酒股份有限公司基础上建成，继承传统工艺，恢复生产此酒。

杏花村汾酒厂生产的竹叶青酒，不仅在国内成为畅销货，而且在世界 40 多个国家和地区，每年出口的上千吨竹叶青酒总是一抢而光。1963 年、1979 年、1984 年在第二届、第三届、第四届全国评酒会上被评为国家名酒金质奖。注册商标有"竹叶青"牌、"古井亭"牌和"杏花村"牌，出口商标使用"长城"牌。

竹叶青酒酒度为 45 度或 40 度，酒液金黄微翠，莹澈透明，芳香浓郁，入口香甜，柔绵微苦，回味绵长。它的原料以汾酒为基础，辅以竹叶、陈皮、香山奈、栀子、公丁香、排草香、白菊花、当归、零陵香、紫檀香、广木香、砂仁等十余味中药材，采用浸泡配制工艺，以高度汾酒冷浸药材，以蛋清提纯糖液，经浸泡、搅拌、封缸、澄清、过滤、提炼、陈贮、勾兑、灌装等工序酿成。据科学家鉴定，竹叶青酒具有和胃、除烦、清食的功效。药随酒力，穿筋入骨，对心脏病、高血压、冠心病和关节炎有一定疗效。

341

70 年代"古井亭牌"竹叶青酒

藏 收藏指数：★★★★☆

¥ 参考价格：6000 元

8600 元（2021 年 5 月）

70 年代的竹叶青酒采用的是"古井亭牌"注册商标，该酒的酒标上除了有"古井亭"牌图案的注册商标之外，还印有巴拿马金质奖章及 1963 年全国评酒金质奖奖杯，该种类型的竹叶青酒酒标样式一直有所沿用。

342

70 年代"古井亭牌"竹叶青酒

藏 收藏指数：★★★★☆

¥ 参考价格：4000 元

7800 元（2021 年 5 月）

343-344

**80 年代初"古井亭牌"
竹叶青酒**（图左）

藏 收藏指数：★★★★☆

¥ 参考价格：2000 元
3000 元（2021 年 5 月）

**1987 年"古井亭牌"
竹叶青酒**（图右）

藏 收藏指数：★★★☆☆

¥ 参考价格：1600 元
1800 元（2021 年 5 月）

　　图中的"古井亭牌"竹叶青酒为 80 年代产，其中金属短旋盖生产年份较金属长旋盖生产时间较早，图右中的竹叶青酒瓶颈标上标有酒度及容量。

345-347

1989 年"竹叶青牌"
竹叶青酒

🏛 收藏指数：★★★☆☆

¥ 参考价格：1200 元

1600 元（2021 年 5 月）

1993 年"竹叶青牌"
竹叶青酒

🏛 收藏指数：★★☆☆☆

¥ 参考价格：800 元

1100 元（2021 年 5 月）

1995 年"竹叶青牌"
竹叶青酒

🏛 收藏指数：★★☆☆☆

¥ 参考价格：600 元

1050 元（2021 年 5 月）

348

80 年代 "古井亭牌" 竹叶青酒

藏 收藏指数：★ ★ ★ ☆ ☆

¥ 参考价格：3000 元

3600 元（2021 年 5 月）

349

80 年代 "古井亭牌" 竹叶青酒

藏 收藏指数：★ ★ ★ ☆ ☆

¥ 参考价格：3000 元

3600 元（2021 年 5 月）

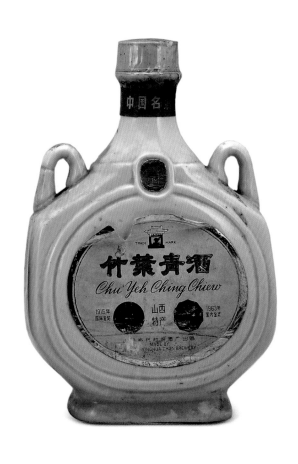

350-352

80 年代后期"竹叶青牌"竹叶青酒

- 📷 收藏指数：★★★☆☆
- ¥ 参考价格：1800 元
  2800 元（2021 年 5 月）

1994 年"杏花村牌"竹叶青酒（250 毫升）（图左）

- 📷 收藏指数：★★☆☆☆
- ¥ 参考价格：500 元
  1100 元（2021 年 5 月）

1994 年"竹叶青牌"竹叶青酒（250 毫升）（图右）

- 📷 收藏指数：★★☆☆☆
- ¥ 参考价格：500 元
  1100 元（2021 年 5 月）

353-354

1976 年"长城牌"竹叶青酒 (图左)

藏 收藏指数：★★★★☆

￥ 参考价格：1 万元

1.2 万元（2021 年 5 月）

70 年代"长城牌"竹叶青酒 (图右)

藏 收藏指数：★★★★☆

￥ 参考价格：8000 元

1 万元（2021 年 5 月）

　　出口的竹叶青酒与出口汾酒一样，通常采用的是"长城牌"，由中国粮油食品进出口公司监制，图中的两瓶酒都为 70 年代生产，英译为"CHU YEH CHING" CHIEW，由中国粮油食品进出口公司天津分公司进行出口。

355-357

80 年代"古井亭牌"竹叶青酒（图左）

🏛 收藏指数：★★★★☆

¥ 参考价格：2600 元

　　　　　3000 元（2021 年 5 月）

　　竹叶青酒除了使用"长城牌"注册商标用于外销出口外，曾使用过"古井亭牌"注册商标。

1988 年"长城牌"竹叶青酒（图中）

🏛 收藏指数：★★★☆☆

¥ 参考价格：1400 元

　　　　　1700 元（2021 年 5 月）

1991 年"长城牌"竹叶青酒（图右）

🏛 收藏指数：★★★☆☆

¥ 参考价格：1100 元

　　　　　1400 元（2021 年 5 月）

陕西

杜康

358

1980 年左右"泉牌"杜康酒

藏 收藏指数：★★★★★

¥ 参考价格：4500 元

7000 元（2021 年 5 月）

　　正如 80 年代前伊川杜康使用"古泉溪牌"，汝阳杜康使用"酒泉牌"商标一样，白水杜康在正式使用"杜康牌"注册商标之前，使用的是"泉牌"注册商标。与汝阳杜康及伊川杜康不同的是，图中的白水杜康为清香型白酒，酒度为六十度。

陕西 杜康

白水杜康酒产于陕西省白水县，在 20 世纪，与河南汝阳杜康、伊川杜康酒共同使用"杜康牌"注册商标。不过，与河南省的两家杜康酒厂不同的是，白水杜康酒为清香型白酒，酒液无色、清澈透明，清香纯正，清雅协调，口味绵甜，醇厚柔和，诸味协调，回味悠长、爽净。

白水杜康的生产厂家陕西白水杜康酒厂于 1975 年在陕西杜康泉附近建成。

白水杜康酒尽管声势并不及河南杜康酒，但也获得了市场和业内人士的广泛认可：1984 年获轻工业部酒类质量大赛铜杯奖，1986 年被评为陕西省优质产品和陕西省名酒。在与另两家杜康酒厂共同使用"杜康牌"注册商标之前，该厂使用"泉牌"注册商标生产杜康酒。

在酿制工艺上，白水杜康酒选用优质高粱为原料，以大麦、小麦、豌豆制成大曲为糖化发酵剂，引杜康沟泉水为酿造用水。采用传统清香型工艺，经配料清蒸、固态发酵、入甑蒸馏、按质取酒、分级贮存、长期陈酿、勾兑调味等工序酿成。

如今的杜康酒，不再追随其清香型白酒的生产渊源，转而将生产主力投向了浓香型白酒，但声势也大不如从前，河南的两家杜康酒如今已携手合作，并已初见成效，不知白水杜康是否也将加入到这合作的联盟中，以期为产品的市场发展创造更广阔的空间？

359-361

1980 年左右"泉牌"杜康酒（图左）

🏛 收藏指数：★★★★★

💰 参考价格：3800 元

　　　　　5000 元（2021 年 5 月）

1980 年左右"泉牌"杜康酒（图右）

🏛 收藏指数：★★★★★

💰 参考价格：3800 元

　　　　　5000 元（2021 年 5 月）

　　图中的"泉牌"杜康酒均为1980年左右生产，在瓶型、评标设计上都大致相同，唯一明显不同的是"杜康酒"三个字的仿古字体，放在一起比较，颇有意义。

1987 年"杜康牌"杜康酒

🏛 收藏指数：★★★☆☆

💰 参考价格：2000 元

　　　　　3000 元（2021 年 5 月）

362

80 年代中后期"杜康牌"杜康酒

藏 收藏指数：★★★☆☆

¥ 参考价格：1600 元

2200 元（2021 年 5 月）

图中的青瓷瓶"杜康牌"杜康酒外观上几乎与下图酒一模一样，仅是瓶颈上挂的图章不同。

363

80 年代中后期"杜康牌"杜康酒

藏 收藏指数：★★★☆☆

¥ 参考价格：1500 元

2200 元（2021 年 5 月）

364

80年代中后期 "杜康牌" 杜康酒 (250毫升)

- 收藏指数：★★★☆☆
- 参考价格：1400元
  1800元（2021年5月）

图中的250毫升礼盒装白水杜康酒，为80年代中后期陕西省杜康酒厂出品的为人民大会堂特制之酒。

365

1991年 "杜康牌" 杜康酒

- 收藏指数：★★☆☆☆
- 参考价格：800元
  1200元（2021年5月）

图中该酒为60度、500毫升玻璃瓶塑盖杜康酒，该酒产于1991年，是当时中国粮油食品进出口公司陕西分公司监制出口的外销酒。

366-367

80 年代 "杜康牌" 杜康酒 (图左)

🏺 收藏指数：★★★☆☆

¥ 参考价格：1200 元

　　　　　1600 元（2021 年 5 月）

90 年代初 "杜康牌" 杜康酒 (图右)

🏺 收藏指数：★★★☆☆

¥ 参考价格：900 元

　　　　　1200 元（2021 年 5 月）

　　图中的白瓷葫芦瓶型杜康酒上书写着李白《月下独酌》之诗句 "举杯邀明月"，并配有相应的图片，与白瓷材质的葫芦瓶型酒器相得益彰，分外协调。根据两瓶酒厂名名称的不同，初步判定左瓶为 80 年代陕西白水杜康酒厂生产，右瓶为 90 年代初陕西省杜康酒厂生产（酒瓶上标有度数 54 度及容量 500 毫升）。

陕西
太白酒

368

文革时期太白酒

收藏指数：★★★★★

珍稀

　　眉县太白酒厂于20世纪50年代公私合营成立，几易厂名后于60年代定名"太白酒厂"。图中由陕西省眉县太白酒厂生产的太白酒，瓶标上带有"为人民服务"字样，具有"文革"时期白酒的典型特征。

陕西 太白酒

太白酒产于陕西省眉县金渠镇。明清时期太白酿酒业已经形成很大规模，眉县也成为全国著名的酒乡，太白酒除畅销省府西安以外，还传至外省。美酒出名带来丰厚的商业利润，也引起了激烈的商业竞争。清末民初西京的万寿酒店和积美酒店两大名号率先使用"太白酒"和"老太白"酒标瓶装上市。当时，西京东大街大差市的集美酒店的"老太白"酒标的副标上印有广告宣传用语："本店不惜巨资……特请名师在凤翔府眉县用酿泉之水酿造成太白干酒，旨太白酒为记。气味芳香……不但甘美适口，而且避暑防疫，无不皆宜……凡赐顾者，请认明注册老太白酒为记。"

新中国成立前，金渠镇一带有40余家酿酒作坊，以"太白酒家"等六家著称。1956年2月，原太泉、溢成海、福长号、德胜茂、义永丰、裕德海六家酒坊与一户机米厂合并成立公私合营眉县太泉酒厂，酒厂下设分布于齐镇、金渠镇、党西村和张赵村、上龙王庙等分厂，开始以传统方式进行酿酒生产。1957年后屡次易厂名：1958年随着周（至）眉县合县，厂名改为"公私合营周至县太泉酒厂"；1961年，眉县恢复建置后，又恢复为并县前的厂名；1964年，酒厂由县属收归专区，厂名改为"公私合营宝鸡专区太泉酒厂"；1966年则改为地方国营，并于其后定名"太白酒厂"，沿用传统工艺，继续生产太白酒；1991年，厂名由"眉县太白酒厂"改名为"陕西省太白酒厂"。

太白酒不仅是陕西省地方名酒，在国内也享有很高的知名度：1981年、1985年均获陕西省优质产品奖；1988年在第五届全国评酒会上被评为国家优质酒银质奖。

太白酒选用优质高粱为原料，以大麦、豌豆制成的大曲为糖化发酵剂，用太白山主峰的雪花水为酿造用水。经原料破碎、蒸煮糊化、土暗窖续渣、固态低温发酵、缓火蒸馏、掐头去尾、按质接酒、分级贮存、勾兑调味等工序酿成，所酿之酒介乎浓香型与清香型之间，被称为"凤香型"白酒，该酒清亮透明，清香纯正，香甜醇厚，甘润柔和，尾净味长，饮后回甜、净爽。

2006年，太白酒厂进行了股份制改造，成立了陕西省太白酒业有限责任公司。如今的陕西酒业在保持传统凤香型酒的基础上，相继开发研制出兼香型、清香型、浓香型、营养型和保健型，市场业绩斐然。

民国"老太白"酒标

369

1982 年太白酒

藏 收藏指数：★★★★☆

¥ 参考价格：3200 元

5800 元（2021 年 5 月）

　　图中该酒与前页中带语录的太白酒，唯一的不同之处在于该酒的瓶标上少了"为人民服务"字样，该酒在收藏市场上也并不多见。

370

1985 年太白酒

藏 收藏指数：★★★★☆
¥ 参考价格：2200 元

3200 元（2021 年 5 月）

371

1984 年"太白牌"太白酒

藏 收藏指数：★★★★☆
¥ 参考价格：2200 元

3600 元（2021 年 5 月）

　　尽管图中该酒为 80 年代产物，但就其图案来看，色彩鲜亮，图案古典雅致，是一款外观很有特色的酒。该酒产于 1984 年，此时注册商标是"太白牌"注册商标，其图案形似"太白"二字置于葫芦酒瓶之中。

372

1991 年"太白牌"太白酒

收藏指数：★★★☆☆

参考价格：900 元

1800 元（2021 年 5 月）

1991 年，陕西眉县太白酒厂更名为"陕西太白酒厂"。图中该酒为更名后生产的太白酒，该酒取意古典绘画及李白举头望月之意境，情景交融，令人徜徉。

373

1995 年"太白牌"太白酒

收藏指数：★★★☆☆

参考价格：700 元

1300 元（2021 年 5 月）

图中该酒为 1995 年生产的"太白牌"太白酒，厂名名称为"国营陕西省太白酒厂"。

374

1985 年 "太白牌" 太泉特曲

- 收藏指数：★★★☆☆
- 参考价格：1900 元

  3000 元（2021 年 5 月）

375

80 年代初 "山猢牌" 金曲酒

- 收藏指数：★★★★☆
- 参考价格：2600 元

  稀少（2021 年 5 月）

重庆

诗仙太白酒

376

1982 年"南浦牌"万县大曲

🏛 收藏指数：★★★★☆

¥ 参考价格：3000 元

　　　　　5600 元（2021 年 5 月）

　　太白酒，在 20 世纪国内较为知名的为陕西眉县太白酒厂生产的太白酒，以及四川万县太白酒厂生产的太白酒。图中的万县大曲为浓香型白酒，该酒于酒厂建成初期便开始投入使用，并多次获得四川省优质产品奖。注册商标使用的是"南浦牌"，厂名为"万县地区太白酒厂"。

重庆 诗仙太白酒

诗仙太白酒产于重庆万州区，原四川省万县。万县于1992年，改为四川省万县市；并于1998年，改设为重庆市万州区。万县在唐代便已有酿酒业，诗仙太白曾留下"大醉西岩一局棋"的轶闻。

诗仙太白生产厂家万县太白酒厂的历史可追溯到民国期间：1917年，诗仙太白的创建人鲍念荣先生远赴泸州，重金购买了具有400年历史的温永盛酒坊窖泥和母糟，回到万县后于城南钟鼓楼附近开设花林春酒坊，酿制大曲酒。1951年万县酒厂在旧酒坊的基础上建成，1978年改名"万县地区太白酒厂"，制成60度太白酒，1984年改进工艺生产52度低度太白酒，1986年改为"诗仙太白酒"，由"诗仙太白"注册商标慢慢取代"南浦牌"注册商标。

1980年出版的《中国酒》一书中这样评价道："万县太白酒风味得西南名酒之精华，有五粮液的'头'，泸州特曲的'尾'，'中'带有茅台酒的酱香。"诗仙太白酒在国内颇受赞誉：60度诗仙太白酒于1963年、1980年、1985年、1990年蝉联四川省名酒称号；1984年获商业部优质产品称号；1985年获商业部优质产品金爵奖；1988年60度、52度的诗仙太白酒均获商业部优质产品金爵奖。诗仙太白陈曲于1984年投产，1988年在全国第五届评酒会上被评为中国优质酒银质奖。

太白酒的制作工艺与泸州老窖大曲相似，配料与宜宾的"五粮液"酒一致，故兼得二者之长，此外，在生产过程中，它还糅合了贵州茅台酒的高温制曲法，所以又兼具了茅台的酱香风味。太白酒以优质高粱、大米、糯米、小麦、玉米为原料，以小麦、高粱制成中高温大曲为糖化发酵剂，以歇凤山泉水为酿造用水，采用传统酿造工艺，经续糟润粮老窖发酵、双轮底发酵、混蒸混烧、量质接酒、按质并坛贮存、勾兑调味等工序酿成。经此工艺酿出的酒无色透明，窖香浓郁，醇和绵软，甘洌净爽，回味悠长。

377

80 年代初"南浦牌"太白酒

藏 收藏指数：★★★★☆

¥ 参考价格：6000 元

稀少（2021 年 5 月）

太白酒于 20 世纪 70 年代末投产，图中的太白酒注册商标为"南浦牌"，厂名名称为"四川省国营万县太白酒厂"。该酒采用黄色陶瓷瓶，透亮古雅，瓶正面有诗仙李白举杯邀明月之姿势，瓶背面有竹叶碑附带竹叶之图，具有较高的观赏价值。

378

1986 年"诗仙太白牌"诗仙太白酒

藏 收藏指数：★★★★☆

¥ 参考价格：1800 元

3600 元（2021 年 5 月）

诗仙太白酒蝉联四川省名酒称号，并于 1984 年获商业部优质产品称号，1985 年获商务部优质产品金爵奖。图中的扁玻璃瓶、塑盖太白酒于 1986 年生产，此时的太白酒得名"诗仙太白酒"，诗仙二字写得较小，位于瓶标上部分，注册商标为"诗仙太白牌"，该酒挂有"优"字奖章。

379

1988 年"诗仙太白牌"诗仙太白酒

▧ 收藏指数：★★★☆☆

¥ 参考价格：1500 元

2800 元（2021 年 5 月）

图中的诗仙太白酒于 1988 年生产，此时的厂家名称变更为"四川省万县地区太白酒厂"，该酒的瓶背标写有该酒的容量为 540 毫升。

380

1991 年"诗仙太白牌"诗仙太白酒

▧ 收藏指数：★★★☆☆

¥ 参考价格：800 元

2200 元（2021 年 5 月）

90 年代初，诗仙太白酒改为金属旋盖封口，图中该酒产于 1991 年，瓶标上标有"四川省名酒""中商部优质酒"等信息。

381

70 年代末 "花林春牌" 花林春曲酒

🏛 收藏指数：★★★★★

珍稀

    1917 年，鲍念荣从泸州著名老字号 "温永盛" 酒坊购买了两口当时已逾百年窖龄的窖池，连带窖泥、母糟、黄水等一应建窖材料运回万州建窖设酒坊，取名 "花林春"。花林春酒坊，便是诗仙太白酒业之起源，图中的花林春曲酒亦得名于此，该酒于 70 年代生产，在市场上极为少见。

382

80 年代初 "花林春牌" 花林春曲酒

🏛 收藏指数：★★★☆☆

¥ 参考价格：2000 元

    3500 元（2021 年 5 月）

383

1986 年"南浦牌"万县大曲

藏 收藏指数：★★★☆☆

¥ 参考价格：1800 元

3500 元（2021 年 5 月）

384

1986 年"南浦牌"太白陈曲

藏 收藏指数：★★★☆☆

¥ 参考价格：1600 元

3500 元（2021 年 5 月）

385

80 年代后期"诗仙太白牌"
诗仙太白陈曲

藏 收藏指数：★★★☆☆

¥ 参考价格：1600 元

3500 元（2021 年 5 月）

诗仙太白陈曲于 1984 年投产，之前使用的是"南浦牌"注册商标，后改为"诗仙太白牌"。1986 年被评为商业部优质产品，1987 年被评为四川省优质产品，1988 年在第五届全国评酒会上被评为国家优质酒银质奖。

386

1988 年"诗仙太白牌"
诗仙太白陈曲

藏 收藏指数：★★★☆☆

¥ 参考价格：1700 元

3600 元（2021 年 5 月）

四川
文君酒

387

1981 年"抚琴牌"临邛酒

藏 收藏指数：★★★★☆

¥ 参考价格：8000 元

1.4 万元（2021 年 5 月）

文君酒产于四川邛崃，早在 20 世纪 60 年代初就开始生产，经国家工商总局批准注册为"抚琴牌"文君酒，当时的酒厂名称为"四川邛崃酒厂"。1966 年，在"文革"运动中，文君酒之酒名被冠上宣传封资修的罪名而被取消，取而代之的是临邛酒之名称，直到 20 世纪 80 年代初才重新恢复了"文君酒"酒名。因此，可以说"临邛酒"是文君酒的前身，不过，80 年代文君酒面市后，临邛酒还继续生产了一段时间。

四川 文君酒

文君酒产于四川邛崃县，邛崃古称临邛，汉代酿酒已闻名于世。据称，文君酒的由来与汉代才女卓文君与司马相如的"买一酒舍酤酒，而令文君当炉，相如涤器于市中"的浪漫典故有关。此外，邛崃酒厂厂址在文君故里，酿酒用水与文君井同源，兼之以黄谷为原料，酒质特佳，故以"文君牌"文君酒命名。

民国时期，邛崃地区有名的有大全烧房。1951 年，政府在大全烧房的基础上建邛崃酒厂，产品仍用"邛崃茅台""冷气酒"等酒名进行销售，沿用传统工艺投产 54 度酒。1985 年，酒厂名由"邛崃酒厂"改为"文君酒厂"。

54 度文君酒于 1963 年、1980 年、1985 年被评为四川省名酒；1981 年、1984 年被评为商业部优质产品；1988 年获商业部优质产品金爵奖，同年获香港第六届国际食品展金杯奖和法国第十三届巴黎国际食品博览会金奖。1980 年邛崃二曲更名为"文君头曲"，是文君酒的系列产品，1985 年被评为四川省优质产品奖。

文君酒为浓香型白酒，酒液无色透明，窖香浓郁，醇和柔绵，清洌甘爽，余味悠长。它采用优质稻谷为原料，以大小麦制曲为糖化发酵剂，用文君井水脉之通天泉水为酿造用水。采用传统工艺，经老窖发酵、混蒸混烧、量质接酒、贮存老熟、勾兑调味等工序酿成。

在第五届评酒会上，当时为夺金热门的"文君酒"却最终在小组讨论中获得银质奖，感到委屈不公的文君酒愤然退出比赛；文君酒的高调退出加之 80 年代末社会风气的变化、各种部门的评酒会层出不穷，金奖银奖满天飞，最终国务院下文"停止全国性的评酒会"，至此，中国再无全国性的评酒会。曾经个性如此倔强张扬的酒厂，如今几次转手最终被外资企业控股。

388

1982 年"文君牌"文君酒

藏 收藏指数：★★★★☆

¥ 参考价格：7600 元

　　　　　1.1 万元（2021 年 5 月）

　　图中的文君酒于恢复使用文君酒名称后生产，厂家名称仍为"四川邛崃酒厂"，此时文君酒的注册商标已改"抚琴牌"为"文君牌"。

389

80 年代后期"文君牌"文君酒

藏 收藏指数：★★★★☆

¥ 参考价格：2600 元

　　　　　6800 元（2021 年 5 月）

　　1985 年，邛崃酒厂正式更名为"四川省文君酒厂"。图中的墨绿陶瓷瓶文君酒，注册商标为"文君牌"，此时的厂名为"四川省文君酒厂"。

390

1988 年"文君牌"文君酒

藏 收藏指数：★★★☆☆

¥ 参考价格：2000 元

6500 元（2021 年 5 月）

391

1992 年"文君牌"文君酒

藏 收藏指数：★★★☆☆

¥ 参考价格：1400 元

4800 元（2021 年 5 月）

　　90 年代初，文君酒采用的是金属旋盖封口，并在该酒瓶标上标明了度数（54 度）及容量（500 毫升），该酒在收藏市场较为常见。

392

1996 年"文君牌"文君酒

藏 收藏指数：★★☆☆☆

¥ 参考价格：900 元

3000 元（2021 年 5 月）

393

1999 年"文君牌"文君酒

藏 收藏指数：★★☆☆☆

¥ 参考价格：800 元

2800 元（2021 年 5 月）

394

1987 年 "文君牌" 文君头曲

藏 收藏指数：★★★☆☆

¥ 参考价格：1600 元

　　　　　　3200 元（2021 年 5 月）

　　文君头曲作为文君酒的系列产品，其酒质具有醇香、甘洌的特点，在省内外享有盛名，该酒曾获成都市优质酒以及省优酒等荣誉。

395

1987 年 "文君牌" 文君头曲

藏 收藏指数：★★★☆☆

¥ 参考价格：1400 元

　　　　　　3200 元（2021 年 5 月）

396-397

1994 年"文君牌"文君头曲

🏛 收藏指数：★★☆☆☆

💰 参考价格：800 元

　　　　　2000 元（2021 年 5 月）

1993 年"文君牌"文君头曲

🏛 收藏指数：★★☆☆☆

💰 参考价格：900 元

　　　　　2000 元（2021 年 5 月）

398

1985 年"文君牌"文君二曲

藏 收藏指数：★★★☆☆

¥ 参考价格：2000 元

　　　　3800 元（2021 年 5 月）

399

1986 年抚琴特曲

藏 收藏指数：★★★☆☆

¥ 参考价格：4500 元

　　　　9600 元（2021 年 5 月）

400-402

80 年代 "崃山牌" 低度大曲（图左）

- 🏛 收藏指数：★ ★ ★ ☆ ☆
- ¥ 参考价格：1000 元

  2400 元（2021 年 5 月）

1986 年 "崃山牌" 崃山二曲（图右）

- 🏛 收藏指数：★ ★ ★ ☆ ☆
- ¥ 参考价格：2000 元

  4800 元（2021 年 5 月）

80 年代 "崃山牌" 崃山二曲（图中）

- 🏛 收藏指数：★ ★ ★ ☆ ☆
- ¥ 参考价格：1600 元

  3800 元（2021 年 5 月）

天津

天津大曲

403

80 年代初"天津牌"精装天津大曲

藏 收藏指数：★★★★☆

¥ 参考价格：9000 元

1.5 万元（2021 年 5 月）

图中的精装天津大曲酒产于 80 年代初期，该酒采用黄色瓷瓶、木塞封口，由国营天津酿酒厂生产。该酒曾连续被评为天津市优质产品，并获得天津市著名商标证书。

天津 天津大曲

天津酿酒业兴于明代、盛于清代。民国《天津志略》记载道："天津酒业尚称发达，大直沽一带，尤为最富之区。有烧酒锅十六处。所制白干酒，质良味醇，堪称佳酿。"在大直沽等地的烧酒厂中，以"义聚永"烧锅较为著名。

1952年，政府在义聚永等九个小烧锅的基础上，于西沽和丁字沽交界处组建天津酿酒厂，1971年投产天津大曲。天津大曲酒于1980年被评为天津市优质产品；1984年获轻工业部酒类质量大赛银杯奖。

天津大曲酒液无色透明，芳香馥郁，似浓非浓，略带酱香，酒体醇美，回味悠长。原料为优质高粱，以大麦、小麦、豌豆制成大曲为糖化发酵剂，采用传统直沽酒工艺与名酒工艺特点相结合，经配料蒸煮、长期发酵、蒸馏取酒、陈贮老熟、勾兑调味等工序酿成。

天津酿酒厂在不同类型的酒上使用了多种注册商标：

（1）"天津牌"注册商标用于天津大曲（其他香型）、特制天津白酒（清香型）等酒之上，其中，特制天津白酒于1977年投产，该酒1988年被评为天津市优质产品；

（2）"新港牌"主要用于天津白酒及新港佳酿系列酒；

（3）"直沽牌"主要用于"直沽牌"高粱酒（清香型），该酒于1952年建厂当年投产，作为天津酿酒厂建厂初期的重点产品推向市场，1979年、1980年、1988年被评为天津市优质产品；

（4）"天酿牌"注册商标于20世纪70年代开始使用，主要用于"天酿牌"琼浆酒；

（5）"津牌"主要用于38度的浓香型津酒，该酒于1979年研制成功，1984年、1989年在全国第四届、第五届全国评酒会上被评为国家优质酒银质奖，1988年在全国首届食品博览会上荣获金奖；

（6）"华魁牌"主要用于天津酿酒厂出品的华魁酒；

（7）除此之外，还有用于滋补药酒的注册商标"玉羊牌"以及用于葡萄酒的注册商标"金航牌"，其中"玉羊牌"系列酒于20世纪60年代便已投产，主要用于出口。

据史料记载，从1905年到1945年的海关贸易统计数据上看，天津是中国最大的酒出口地，天津生产的高粱酒、五加皮和玫瑰露等酒大量出口海外，并且这些酒大部分为本地酿制。曾经盛极一时的天津酒到了20世纪末，却陷入经营的困境，如今，天津酿酒厂已于1999年更名为"天津津酒集团"，生产的产品以浓香型为主，兼生产清香型白酒。

404-406

1987 年"天津牌"天津大曲

- 藏 收藏指数：★★★☆☆
- ¥ 参考价格：5500 元
    - 8800 元（2021 年 5 月）

　　天津大曲酒于 1971 年投产，1980 年被评为天津市优质产品，1984 年获得轻工部酒类质量大赛银杯奖。图中该酒为 1987 年生产，采用的注册商标为"天津牌"，厂名名称为"国营天津酿酒厂"。

80 年代初"天酿牌"
天酿琼浆（图左）

- 藏 收藏指数　★★★☆☆
- ¥ 参考价格：2400 元
    - 4000 元（2021 年 5 月）

1985 年"天酿牌"
天酿琼浆（图右）

- 藏 收藏指数　★★★☆☆
- ¥ 参考价格：1700 元
    - 3000 元（2021 年 5 月）

407

80 年代初"华魁牌"华魁酒

🏺 收藏指数：★★★☆☆

¥ 参考价格：1700 元

　　　　2500 元（2021 年 5 月）

408

80 年代初"新港牌"新港曲香白酒

🏺 收藏指数：★★★☆☆

¥ 参考价格：3000 元

　　　　4800 元（2021 年 5 月）

409

1983 年"新港牌"天津白酒

收藏指数：★★★☆☆

参考价格：2800 元

5000 元（2021 年 5 月）

410

1988 年"新港牌"新港佳酿

藏 收藏指数：★★★★☆

￥ 参考价格：2800 元

4600 元（2021 年 5 月）

　　新港佳酿为浓香型白酒，该酒于 1981 年投产，1984 年、1988 年被评为天津市优质产品。图中该酒产于 1988 年，度数为 53 度，容量为 541 毫升，注册商标采用"新港牌"。

411

1988 年"津牌"津酒

藏 收藏指数：★★★★☆

￥ 参考价格：3200 元

5600 元（2021 年 5 月）

　　津酒为浓香型白酒。该酒为低度 38 度白酒，于 1979 年投产。该酒 1984 年、1988 年在第四届、第五届全国评酒会上被评为国家优质酒银质奖，注册商标使用"津牌"。

412

80 年代末 "直沽牌" 直沽高粱酒

藏 收藏指数：★★★★☆

¥ 参考价格：4000 元

7600 元（2021 年 5 月）

　　直沽高粱酒为清香型白酒，天津酿造直沽老白干酒始于明代，盛于清代，因此直沽高粱酒是传统名酒。该酒于天津酿酒厂始建时便开始生产。图中的直沽高粱酒采用"直沽牌"注册商标，度数为 53 度，容量为 541 毫升。该酒于 1979 年、1980 年、1988 年被评为天津市优质产品。

413

80 年代 "玉羊牌" 杞子补酒

藏 收藏指数：★★★☆☆

¥ 参考价格：2200 元

3600 元（2021 年 5 月）

　　天津酒厂除生产白酒外，还生产有滋补药酒，使用注册商标"玉羊牌"。"玉羊牌"系列酒于 20 世纪 60 年代便已投产，主要用于出口。图中的"玉羊牌"杞子补酒应为 20 世纪 80 年代生产，由天津医药保健品进出口公司经营。

新疆
伊犁特曲

414

50 年代伊犁上等白酒

▨ 收藏指数：★★★★★
孤品

　　图中的伊犁上等白酒为国营伊犁酒厂出品，在该酒的瓶标上写着"鼓足干劲、力争上游、多快好省、建设祖国"等字样。1952 年，伊犁地区规模最大的烧酒坊名为"公庆和烧坊"，该烧房于 1953 年公私合营，即"国营伊犁酒厂"。伊犁上等白酒就是该酒厂在 50 年代的产品。值得一提的是，该酒并非伊犁酒厂所产，但它与伊犁酒厂颇有渊源。据称 20 世纪 60 年代当时的十团农场（伊犁酒厂前身）酿制出的第一锅酒便是来自"国营伊犁酒厂"的技术指导。因此，尽管图中的伊犁上等白酒称不上是伊犁特曲的前身，但称其为技术之源则绝不为过。

新疆 伊犁特曲

伊犁特曲，产于新疆伊犁哈萨克自治州。有关伊犁酒厂的演变，中间颇为曲折，各种资料所反映出来的厂名变化也不尽相同。我尽量本着以实物断代为主的原则，结合酒厂的厂志、厂史，将厂名变化归纳如下：1955 年，当时的十团农场副业加工厂成立酿酒组，并于年底试制成功第一锅酒，于次年正式生产；1957 年，原酿酒组迁址到肖尔布拉克，在该处建酿酒车间，称"十团酿酒厂"，当时白酒仍属于自产自销；1962 年，"伊犁白酒"瓶酒包装首批投放乌鲁木齐市、伊宁市、新源县市场，初次打开销路，该酒次年被评为自治区优质白酒；70 年代中旬，十团酿酒厂隶属农四师，生产厂家改为"生产兵团农四师十团农场"；后于 80 年代中后期更名为"新疆伊犁大曲酒厂"；1992 年，更名为"新疆伊犁酿酒总厂"。1999 年 5 月 27 日，伊力特实业股份有限公司成立。

伊犁酒厂生产的白酒自 1964 年以来，经国家工商管理局商标管理处核准，允许使用"伊犁牌"注册商标。1979 年，酒厂变更注册商标为"伊力牌"，但"伊犁牌"在 20 世纪 90 年代初仍有所沿用。

我们所熟知的"伊犁特曲"原名"特制伊犁大曲"，该酒于 1966 年成功试制并生产面市，1979 年被评为地方名酒；次年在全国农工商联合企业产品展销会上被评为优质产品；1982 年、1984 年被评为农牧渔业部优质产品。

伊犁特曲酒采用优质高粱、玉米、小麦、豌豆为原料，高温大曲为糖化发酵剂，深井水为酿造用水，采用传统老五甑工艺，经清蒸辅料、续渣配醅、老窖发酵、双轮底增香、混蒸混烧、量质摘酒、分级入库、瓷坛地库陈酿 1 年～ 3 年、勾兑等工序酿成。经过该工艺酿制出的伊犁酒无色透明，芳香浓郁，入口甜，落口绵，尾净而有余香。

如今的伊犁酒厂（现名伊力特事业股份有限公司）生产的产品仍以浓香型为主，厂家已上市，发展势态良好。

415

1980 年左右特制伊犁大曲

收藏指数：★★★★☆

参考价格：4500 元

8000 元（2021 年 5 月）

　　特制伊犁大曲是伊犁特曲（后改为伊力特曲）的前身，该酒最早产于伊犁河谷肖尔布拉克的十团酿酒厂。70 年代中期，十团酿酒厂隶属农四师，厂名名称改为"生产兵团农四师十团农场"。图中该酒生产时间在 1980 年左右，该酒为黄色陶瓶，在市场上较为少见。

416

1987 年特制伊犁大曲

收藏指数：★★★☆☆

参考价格：3800 元

6000 元（2021 年 5 月）

　　除黄色陶瓶的特制伊犁大曲酒以外，当时的十团农场还生产有玻璃瓶塑盖以及白瓷瓶塑盖（见下图）的特制伊犁大曲。图中该酒为 1987 年生产，在瓶标上标记着酒度数 60 度 ~ 61 度。

417

80 年代中后期特制伊犁大曲

- 🏛 收藏指数：★★★☆☆
- 💰 参考价格：3200 元
  5000 元（2021 年 5 月）

418

80 年代后期特制伊犁大曲

- 🏛 收藏指数：★★★☆☆
- 💰 参考价格：2500 元
  4000 元（2021 年 5 月）

　　80 年代中后期，生产兵团农四师十团农场更名为"新疆伊犁大曲酒厂"。图中该酒为该时期产的特制伊犁大曲，采用白瓷瓶、塑盖。

419

伊犁特曲

藏 收藏指数：★★★☆☆

￥ 参考价格：1800 元

3000 元（2021 年 5 月）

80 年代末，特制伊犁大曲更名为"伊犁特曲"，厂名名称不变，仍为"新疆伊犁大曲酒厂"。

420

90 年代初伊犁特曲

藏 收藏指数：★★★☆☆

￥ 参考价格：900 元

1800 元（2021 年 5 月）

图中该酒为白玻璃瓶、金属旋盖伊犁特曲酒，瓶标上标注着容量（500 毫升）及标准代号，此时的厂名名称为"新疆伊犁大曲酒厂"。

421

1995 年伊力特曲

藏 收藏指数：★★☆☆☆

¥ 参考价格：800 元

1400 元（2021 年 5 月）

90 年代初，伊犁特曲酒更名为"伊力特曲"，图中该酒为 1995 年产，采用白玻璃瓶、金属旋盖，在瓶标上标有容量（500 毫升）及度数（53 度 ~ 55 度），此时的酒厂名称已于 1992 年由"新疆伊犁大曲酒厂"改为"新疆伊犁酿酒总厂"。

422

1997 年伊力特曲

藏 收藏指数：★★☆☆☆

¥ 参考价格：600 元

1100 元（2021 年 5 月）

423-424

80 年代末伊犁老窖八年陈 (图左)

藏 收藏指数：★★★☆☆

¥ 参考价格：2000 元

　　　　　　3600 元（2021 年 5 月）

90 年代中期伊力老窖八年陈 (图右)

藏 收藏指数：★★★☆☆

¥ 参考价格：1000 元

　　　　　　1800 元（2021 年 5 月）

第二章

藏酒之乐

藏酒

　　陈年白酒给我们带来的，不仅有酒体本身的味觉享受，更是一种历史、人文的精神享受。在写作第一本《陈年白酒收藏投资指南》时，我在该书的"藏酒之乐"中与读者分享了我的一些藏酒感悟，得到了许多藏友的热情反馈。

　　作为民族智慧和精神凝聚融合的陈酿，作为大自然恩赐的地方特产，陈年白酒的收藏体现其广泛性和多元化：从酒厂历史、酿酒工艺追本溯源，能普及藏友对陈年白酒的基础认知；从社会、文化等方面关注手中珍爱之酒，能使陈年白酒具备更多的人文情怀。然而，在我看来，陈年白酒收藏象征的不仅是一段历史、一种文化、更是一门艺术和一份情感。在本章中，我将继续与读者分享我的藏酒之乐，分享我在陈年白酒收藏中得到的思考、收获和感动。

"新建牌" 二曲酒

　　长期以来，人们普遍认为，广东无好酒、无高度酒。由于该地气候炎热、昼夜温差大，受到客观自然环境的限制，要生产出好的曲酒实属不易，因此，广东一直被认作是中国白酒业的非主流产地，此外，在多数人的印象中，真正的本地广东人通常不善饮白酒，即使要喝，也喝豉香型白酒。这些酒，度数偏低，均在四十度以下，如佛山的玉冰烧、九江双蒸、清远头曲等。

　　这便是我手中这瓶 70 年代的广东产二曲酒的特别之处——这一瓶白酒传递出的几个信息，足可颠覆众人心目中对广东产白酒的固有印象，为广东白酒正名：广东并非只生产低度酒，该瓶汕头酒厂出品的二曲酒为 55度，足可见，在 20 世纪 70 年代，生产高度白酒同样是广东省酒业生产的主流方向。查阅 1975 年的《食品与发酵工业》杂志，篇名 "中南区白酒行业的基本情况和生产形势" 一文，便提到该酒的生产厂家 "汕头酒厂"，已基本实现固态发酵机械化生产，该厂生产高度白酒的实力当时便不容小觑。

　　汕头酒厂，如今已被大印象集团并购，但其作为老字号优势企业的历史至今仍常为人们所津津乐道。这个有着上百年悠久历史的老字号酒厂，尽管如今主要以生产药酒和保健养生酒而著称，但透过这瓶外形朴质的二曲酒，我们至今仍能感受到：曾经在 70 年代这一中国完成历史巨变进入现代化建设新时期的阶段，该酒厂顺应了历史的潮流，生产出颇具时代特色的 "新建牌" 二曲酒。在那个充满激情的火红年代，"新建牌" 商标所传递出的如盘古开天地般的建设浪潮，又给多少世人留下了难以磨灭的岁月情感！

　　这是历史为我们留下的一段珍贵的回忆，也是广东白酒传递给我们的值得纪念的 70 年代时代掠影。

向往城市的翠屏白酒

中国白酒，很多以地名命名，如茅台、泸州老窖、双沟大曲、桂林三花酒等。图中的翠屏白酒，名取自山东平阴的"翠屏山"。翠屏山山势陡峭，苍郁茂密，因好似一道天然的翠绿屏障而得名。

然而，翠屏山远非平阴专属，浙江台州、山东沂源、四川宜宾等地皆有山名"翠屏山"，其中宜宾翠屏山因五粮液酒厂生产的"翠屏春"而更为世人所知。因此，图中该瓶"翠屏白酒"吸引我的，远非与"翠屏春"在名称上的丝缕关联，也并非仅仅因为该酒产自被誉为"玫瑰之乡"的平阴或是其厂家"玫瑰酒厂"给人带来的浪漫气息；珍爱此酒的根本原因，在于酒标本身给我带来的无尽思考。

20世纪七八十年代的白酒，其具体的年份大都无据可考，但有经验的藏友仍不难从酒标的图案判断出该酒应为70年代产—楼房、烟囱以及大面积的火红色，都象征着当时如火如荼建设祖国的时代热潮。这些具备鲜明时代特征的图案，足可见当时的人们是何等向往城市化生活！

当时间的列车驶入了21世纪的现代社会，我们已经有了足够的骄傲证明各大城市的现代化进程。然而，与历史上掀起的一浪接一浪建设热潮以及国人对城市化向往形成鲜明对比的是：如今，生活在城市的我们，却开始逐渐厌倦大城市的浮华与压力，盼望过上"面朝大海、春暖花开"回归自然的生活。2012年7月，我在北京经历的那场几十年一遇的暴雨，至今仍让我嘘唏不已。一场暴雨，让国人看到了天灾中大城市的脆弱，城市的过度扩张以及对大量农田、绿地、池塘的占用给我们带来的不再是交通及生活便利，而是更多的让我们开始面临城市逐渐瘫痪的危机。

我们可以用很多复杂的词汇来形容城市，然而，我们忘记了，城市的本质，依然应是人与自然关系的延伸，"返璞归真"不应该只是我们的人生理想，更应该成为一种践行标准。

历史名酒 竹叶青

　　藏酒十年来，我习惯于将一些藏酒按其特点归类，这几日重新整理展柜，发现这些年下来，柜中的竹叶青酒竟已有了近四十种。这些竹叶青酒，原本色泽绿润，随着时间的推移，有些泛出鹅黄之雅，有些则通体呈现出深浓之绿意，是我珍爱之系列藏品。

　　值得一提的是，柜中的竹叶青，并非人们常认为的汾酒厂生产的竹叶青酒。作为一款自古以来便享有盛誉的传统露酒，竹叶青，并非汾酒厂之专利。

　　竹叶青，远在古代便名扬千里，当时是以黄酒加竹叶合酿而成。梁简文帝便留下了"兰羞荐俎，竹酒澄芳"的诗句，将竹叶青酒的碧澄、芳香表现得一览无余；北周文学家也曾写道"三春竹叶酒，一曲昆鸡弦"，诗人品竹赏乐，实为人生之快事；唐女皇武则天赋诗"酒中浮竹叶，杯上写芙蓉"，足见竹叶青酒在历代流传之广的繁荣景象。在竹叶青酒酿制的逾千年历史长河中，竹叶青酒因为酒与竹之巧妙结合，被赋予了精神内涵和无限的想象空间。

　　到了近代，山西杏花村汾酒厂盛名远播，其酒厂生产的竹叶青系列酒也逐渐为世人所熟知；杏花村的竹叶青品牌日趋发展壮大，酒的生产工艺不断地演变，到最后竟然把这项千百年来的传统美酒之酒名发展成为了汾酒厂的一个专属品牌，以至于很多不谙熟中国酒文化之人都认为竹叶青酒就是汾酒厂的专属品牌。

　　作为复刻着中国美酒文化与中国露酒历史遗痕的竹叶青酒，如今沦为一个专属品牌，这不得不说，是传统露酒发展的一种遗憾。真心希望这一瓶带着红色年代痕迹的"火炬牌"竹叶青酒，能多少唤起人们对竹叶青酒的一些本真认知。

易地茅台——回沙酒

茅台，作为大曲酱香型白酒的鼻祖以及中国白酒中的奢侈品级酒，一直被认为是中国的"国酒"。因此，图中的"茅台酒易地试验厂"也因为有了"茅台"二字，而显得格外具有分量。

1975 年，根据周恩来总理关于茅台酒要发展到万吨的批示，"茅台酒易地实验"项目立项应运而生。"贵州茅台酒易地试验厂"在全国五十多个地方精挑细选后，最终落户在遵义市郊——一个没有工业污染、山泉清洌、气候与茅台镇相同、距茅台镇只有一百余公里的得天独厚的地方。茅台易地试验厂被寄予厚望，相比茅台镇交通闭塞、密不透风的整体环境，遵义的条件要好得多，交通便利，气候舒适，且是个大城市。因此，在当时，能前往遵义的酒厂职工极其令人羡慕，而留在茅台酒厂的员工最盼望的就是遵义的易地试验能取得成功，如此一来整个酒厂便能从山沟里搬走。

"贵州茅台酒易地试验厂"集合了省内外专家和科研人员以及经验丰富的茅台酒厂技术人员，甚至运去了茅台镇的红土、赤水河的水，包括一箱子的灰尘（据说含有丰富的微生物，是制造茅台酒所必需的），按照茅台酒的生产工艺流程，进行了 10 余年的茅台酒异地试验。虽然最终生产出来的酒的质量也接近茅台酒，但是与茅台酒的口感仍有差异，想要生产易地茅台的想法最终仍以失败告终，而该厂最终也放弃了和茅台酒沾边的想法，于 80 年代中期更名为"珍酒厂"，专门生产酱香型白酒"珍酒"。

易地试验的失败证明：茅台，只能是属于茅台镇的茅台。茅台镇的红土、赤水河狂放但清甜的河水都是独一无二上天的赐予；茅台镇上空的微生物群是忠诚的，它们聚集在茅台镇炎热、潮湿、无风的"蒸锅"环境中世代繁衍；此外，茅台镇满山遍野的矮小红粮也是绝无仅有的。总之，茅台酒的不可复制是天时、地利、人和无限衍生的结果。

我想，茅台酒应是"虽败得福"的。试想，如果历经十一年的试制，最终取得了全面成功，那么茅台酒之酿制

必将最终成为一种工艺在全国进行推广，全国各地的茅香酒也将遍地开花，如此一来，也就没有当今至高无上茅台酒的地位；茅台的珍贵、茅台的稀缺、茅台的不可取代、茅台的神秘魅力也将随之不复存在。如此看来，"南橘北枳"的上演，对于茅台酒厂而言，也是塞翁失马，焉知非福矣。

兰陵美酒郁金香

"兰陵美酒郁金香，玉碗盛来琥珀光。但使主人能醉客，不知何处是他乡。"尽管李白的这首《客中行》书写着他乡为客的思乡之愁，但将兰陵与美酒联系在一起，却多少给读者带来了一番浪漫迷人的感情色彩。兰陵美酒，带着醇浓的香味，盛在剔透晶莹的玉碗中，带着琥珀般华贵的光艳，抚慰着身处异乡人们的离愁别绪。由身在客中发展到乐而不觉此处为他乡，这便是兰陵美酒给诗人带来的不羁情怀。

有趣的是，针对李白这首诗中的"兰陵"之归属，引发了不少争议：丹阳、苍山以及常州，都曾认定自身为李白诗中的兰陵。尽管有不少史学家认为，李白笔下的"兰陵"应为江苏常州，但主流观点仍然未形成统一的定论。

事实上，不管兰陵之名最终花落谁家，如今常州早已不生产酒已是不争事实；倒是山东临沂如今仍产美酒，并由此扬名全国。将兰陵美酒之美誉遍及全国，山东兰陵美酒厂功不可没。值得一提的是，如今兰陵美酒厂的主流产品为白酒（见第一章地方名酒山东名酒部分的兰陵大曲等），但我真正认同的兰陵美酒仍为图中该瓶，这瓶兰陵美酒，具有天然形成的琥珀色泽，晶莹透明，醇厚可口，回味悠长，因此，我认为，它便是李白笔下的兰陵美酒之绝佳代言。不过，世人皆知，由于唐代蒸馏烧酒尚未出现，彼时的美酒度数仍然不高。想来

酒仙李白如想求得好诗，在当时 10 度左右的琥珀酒之熏陶下，恐怕至少得喝上几斤方可挥毫写下这或闲适安逸、或悲苦幽怨、或慷慨激昂、或不羁放纵的美酒诗赋吧。

异域风情——北庭大曲

细数数年来收藏的新疆之酒，林林总总不下三百余种。这些西域之酒，大都以白瓷柱形瓶为主，较为符合中国白酒之主流形态。然而图中的这瓶北庭大曲，在这些样式较为统一的新疆白酒中则显得与众不同，充满异域情调。北庭大曲并非名不见经传之酒，早在 1979 年，在新疆第一届全国评酒会上便被评为优质酒；80 年代，更是两度被评为"新疆优质产品"，销往新疆各地。

北庭，如今新疆吉木萨尔县的古称，早在 2000 多年前的西汉时期，便是西域山北六国的车师国故地。到了唐朝，北庭更是一跃成为号令万里疆域的西域政治、军事中心和丝绸北道的重要枢纽。在这座流动着美酒和奶茶香气的丝绸重镇里，北庭之美酒一直在催发着文人墨客的豪情壮志，留下了不少脍炙人口的诗篇，据称唐代诗人李白《静夜思》中的"举头望明月，低头思故乡"便是诗人豪饮北庭美酒后为世人留下的不朽名句。

昔日的北庭，如今的吉木萨尔，千百年来中原、欧洲的美食文化、民俗文化及宗教文化在这片被誉为"金色的土地"交汇融合，形成了该地三台酒厂所特有的美酒文化。有着百余年历史的三台酒厂，尽管不如茅台、五粮液等中国名酒般名震神州，但图中该厂产的北庭大曲，仍能从酒标中使人感受到浓郁的北庭文化：红色、蓝色等色彩的大胆应用，加上充满浓郁异域风情的金色描边，光从外观上来看，这瓶"三台"牌北庭大曲酒便具有较高的欣赏价值及收藏价值。

收藏老酒，不仅可以获得岁月回忆的洗礼，还可以是一种艺术美感上的无尽享受，藏酒之乐，回味无穷。

晶莹剔透双囍酒

中国人最为喜闻乐见的符号，也许就是喜字。喜上眉梢、喜从天降、喜不自胜、喜气洋洋，将喜之内涵表现得淋漓尽致；尤其是双喜之囍：小到生辰庆祝、乔迁开工，大到榜首高中、婚嫁迎娶，囍字都透出一番欢天喜地的气象。于是，很多商品也便投其所好，将其名定位双喜牌：双喜牌乒乓球拍、双喜牌自行车、双喜牌香烟，都是国内颇受世人认可的名牌产品。

图中这两瓶双囍酒，原本就取名祥瑞，且因为成双成对，"双喜"之意则更胜。该酒的生产厂家，湖南宁乡县酒厂，其生产的"花明楼牌"白酒，在80年代曾风靡湖南省，获得湖南省的名优酒称号。

在我收藏的近万种酒中，这两瓶酒从外形和材质上是我所最钟爱的酒之一，曾经我戏谑要给这双双喜酒颁发一枚私藏品设计金奖：它形似明珠、手感温润、小巧雅致、晶莹透亮、通体泛出琥珀之光，最为难得的是，历经数十年岁月的流逝，这两瓶双囍酒仍然没有一丝跑酒，因此，我想，再给它俩颁发一个封存外观设计金奖也绝不为过。

联想到如今过度烦琐的白酒包装以及各式各样高档奢侈的酒瓶包装，有一些白酒包装本末倒置，外包装甚至超过了白酒本身的价值，我越发觉得这一对双囍酒质朴、珍贵，它们像两颗温润素雅的明珠，尽管没有丝毫奢华的光艳，却仍散发着璀璨的光芒。

中国洋酒——"中华牌"威士忌

中国白酒、法国白兰地、俄罗斯伏特加、苏格兰威士忌被列为世界四大蒸馏白酒，这其中，威士忌白酒之由来，好酒之人都不会陌生。中世纪炼金术士们在炼金的同时偶然发现制造蒸馏酒的技术，并将之誉为"生命之水"。生命之水漂洋过海至古爱尔兰后，在当地辗转流传，以当地麦酒蒸馏之后，酿出可以焕发激情的烈酒，将之称为"visge-beatha"，威士忌由此得名。

威士忌酿造有一个特点：几乎所有种类的威士忌都需要在橡木桶中陈放一段时间后方可装瓶出售。这样一道必须符合贮存年份的必要工序，和中国白酒"越陈越香"之说法，几乎不谋而合。

图中该瓶"中华牌"威士忌酒，简单大方，质朴典雅。"中华"，这凝结着华夏五千年文明的两个字，悠久的历史酝酿出至醇美酒。于1959年批准建立的北京葡萄酒厂，承袭的虽然是法国制酒理念之精髓，却用"中华"二字诠释了中国产洋酒之根本。该厂生产的"中华牌"葡萄酒，曾献礼国庆，在新中国成立10周年、20周年、30周年、40周年的庆典上成为指定用酒。值得一提的是，在上世纪六七十年代生产威士忌的北京葡萄酒厂，在当时生产条件尚且艰苦的条件下，生产严格意义的外国洋酒，应该是专供当时在首都的外宾；我认为，这种类型的威士忌酒在当时的市面上难得一见，因此，非常珍稀。

这是一瓶最具历史情调的威士忌酒。酒标上的拖拉机与麦穗图案，在今天看来，似乎是与洋酒威士忌风马牛不相及的搭配，却实实在在地反映了六七十年代国人渴望丰产丰收的美好愿望，也代表了中国的传统历史与外来文化的碰撞和融合。

"山寨"五粮液

藏品中四川宜宾的五粮液琳琅满目，然而，珍藏的其他厂家生产的"山寨"五粮液我同样视若珍宝。

数个世纪前的《陈氏秘方》历经"五粮液传人"邓子均的慷慨传授，一直沿袭至今成就了如今的"中国名酒"四川宜宾五粮液酒，并在中国浓香型酒中独树一帜：采用五种粮食作为酿酒原料，其配比也随着时代演变而逐渐固定下来：高粱 36%，大米 22%，糯米 18%，小麦 16%，玉米 8%，红粮（高粱）酿酒香、玉米酿酒甜、小麦酿酒厚、大米酿酒净、糯米酿酒醇的酿酒精髓使五粮液浓香型口感脱颖而出、别具一格。

1963 年，第二届全国评酒会上，五粮液一举夺得金奖，并荣获"中国名酒"称号，从此美名远扬，引起各省市的许多中小型酒厂的效仿追逐，这些酒厂均采用五种粮食为原料、效仿五粮液之生产工艺、甚至为所酿之酒也取名"五粮液"。当然，这样生产出的"五粮液"与宜宾土生土长的五粮液尚有不小距离，因此最终，这些酒厂也早已随着时代的更迭销声匿迹，无法逃脱其关门大吉的命运。

中国白酒发展的这几十年间，五粮液酒的生产工艺，一直为全国各个生产多粮型浓香型白酒的酒厂所效仿，许多酒厂皆以采用五粮液生产工艺流程为傲，以此彰显其酒之品质。然而，细数效仿五粮液的浓香型白酒，真正能与五粮液一争高下的又有几家？时至今日，能获得国人认可的"中国名酒"，仍然是中国的老八大名酒。这其中很重要的原因便是一些地方酒厂盲目追随名酒酒厂标准，效仿他厂工艺，忽略了当地白酒生产的特色，这导致了酒厂地方特色的迷失，生产出的白酒，也早已失去了特属该产地的味道。

模仿，是永远无法超越的。白酒生产，本应是天时、地利、人和的天造之作，真正的茅台，只能在茅台镇才能产出；而醇厚绵甜的五粮液酒也只应是宜宾酒厂的专属。返璞归真，坚持真我，才是白酒厂家发展之根本要素。希望我的这一番肺腑之言，能引起如今盲目追从他厂白酒标准的厂家一些启示和思考。

昙花一现的"娃哈哈"关帝酒

"娃哈哈"关帝酒在 90 年代诞生之初，被寄予无限厚望。在那个行业飞速发展的年代，白酒销售供不应求，利润可观。当时的娃哈哈集团总裁宗庆后认定娃哈哈非凡的品牌延伸能力以及强大的品牌网络支撑，决心将精心酿造的关帝酒推向市场。

"娃哈哈"关帝酒自一诞生便有了几分戏谑的味道，青瓷古雅瓶身上的关帝像，引人敬仰；但背面憨态可掬的娃哈哈图案却立马颠覆了关帝酒的品牌文化形象。这样矛盾的综合体是无法为娃哈哈的核心品牌增值的，相反，还会大大伤害娃哈哈固有的品牌价值。于是，历经短期的市场磨砺后，斗志昂扬进入白酒行业的娃哈哈集团，最终铩羽而归，留下了一大批市场反映冷淡的"娃哈哈"关帝酒埋没于白酒江湖。

"娃哈哈"关帝酒从诞生到立马抽身而退，是外来资本介入白酒领域的"轰轰烈烈介入、惨惨烈烈牺牲"的过程，我们也不难从其中看出外来资本介入白酒市场所面临的潜在风险。尽管外来资本介入白酒市场也有数个成功案例，但我们更多看到的是一批批莽撞介入白酒领域企业最终丢盔卸甲、惨烈牺牲：贴牌五粮液生产长安之星酒的长安汽车集团、卖力吆喝力帆酒的力帆摩托、以及红豆集团、奇声音响、七匹狼集团、统一集团等企业都试图进入这传统且讲究地域因素的白酒行业，并最终为其水土不服交上了昂贵的学费。

事实上，如今白酒市场分割大多数利润的仍是高端白酒。白酒行业高端化趋势大有愈演愈烈之势，而这些外来资本控股收购的酒业公司无论从规模还是品牌知名度上，都难以挤入一线品牌行列，它们能否华丽转身，在风起云涌的白酒市场分得一杯羹，仍然充满未知变数。

总而言之，市场有风险，投资需谨慎。我想，这一瓶充满跌宕起伏戏剧性结局的"娃哈哈"关帝酒，值得每一位试图介入白酒市场的企业总裁们收藏。

中国酒的时空定理

周振鹤先生在谈到中国历史文化区域研究时，曾经说道："任何文化现象的演变总有地域上的表现相伴，而任何区域的文化面貌又总是特定历史过程的产物，所以文化的全息图景必须由时间与空间这两个坐标轴来表现。"

中国酒文化的演变，符合上述的时空定理。时间的长河为中国各地的名酒孕育了丰富的人文养分；而地理的布局更为中国酒产区的形成打下了天时地利的基础。

名酒如山西汾酒，时空的布局是名酒诞生的必备条件：从历史的脉络来看，山西地处黄河流域与黄土高原地带，晋南地区南接中州河南，这里得益于汾水环绕而水土丰饶，一贯"土地狭小，民人众"。民多田少的局面，从而导致人们开始以商贾为众，向外寻找生计。与此对应的是，晋北因背靠蒙古草原，从而充当着衔接游牧文化与农耕文化的纽带作用。中原先进的农耕文化与蒙古特色的游牧文化滋生了"互市"的需求。明朝中期之后，因东蒙古部落鞑靼兴起，为了戍边防守，一批北方的边镇兴起，明朝政府便以"开中法"招募商人输纳军粮至边地，作为回报，给予商人"盐引"，凭引可到政府指定的盐场换取食盐，再运销到指定地区，这种有利可图的模式促进了晋商的兴起，边贸生意日渐繁盛。将盐作为中介，称为开中。这种纳粮中盐的形式，后来逐渐发展成为纳钞中盐、纳马中盐、纳铁中盐、中茶易马等多元形式。在这样的历史条件下，以平遥、祁县、太谷为代表的晋商足迹遍及长城内外，甚至远到俄罗斯及日本。随着晋商在行业中的地位越来越卓显，加之晋商一贯进取无畏、真实不虚、诚信待人，成功的晋商深孚众望，成为行业标杆，他们所到之处，带去山西美酒，其酒自然备受尊崇。

从其地理条件来看，汾河是黄河第二大支流，一路向南纵贯大半个山西，在两山之间冲积出的太原平原、临汾盆地，土壤肥沃、农业发达，堪称黄土高原的"天府之国"。汾酒产地的气候条件同样优厚，处在吕梁山怀抱中的杏花村，仿佛是天然的避风港，冬季来自西北的寒流因山体阻挡无法进入，夏季关中、黄淮、江淮平原的季风在此处回旋停留，从而带来杏花村雨量丰沛、空气温润的气候优势，成为酿造汾酒的又一绝佳条件。黄土高原上的天府之国，天府之国里的冬暖夏凉，避风港内的温和湿润，从大环境到小气候无一不揭示了汾酒的地理秘密。

用这样的历史、地理视角来分析中国的川贵、淮河流域等白酒产区，均可适用：南橘北枳的故事同样向我们证实了中国酒的本质所在——酒是地方土特产。中国酒因其特殊的地域自然环境、各地特色的粮食原料、酒曲种类以及各具特色的传统工艺，产生出了不同地域、不同风格的酒种与口感。这种特殊风格的形成，是中国广阔的地域、气候、原料、工艺因素影响的结果。江南不少小曲酒以"肥膏"入酒、山西汾酒以地缸发酵、贵州茅台采用特有的当地产高粱、陕西的西凤采用特色的酒海进行贮存：酒之风土，亦见地方风物。

酒的诞生，需要经历神奇的转化——糖的转化、以及酒精的转化。两个过程，缺一不可。然而，酒口感和风味的生成，却少不了时空的参与。缺少了时间与空间的参与，缺少了历史与地理的"掺和"，这一杯酒便少了味道：香气干爽的新疆酒、抹茶气质的青海青稞酒、爽劲刚烈的北京二锅头、水果芬芳的山西清香酒、淡雅绵柔的江淮浓香白酒、酱韵十足的贵州酱香、窖香浓郁的川派浓香、蜜香优雅的广西米香、带着烤芝麻气息的山东芝麻香……山川有别，传承有序。我们无法想象山西的茅台、贵州的汾酒、山东的五粮液会是什么口感，这便是数千年自然地理、人文风貌的传承所带给我们的味觉记忆。

《中国地方名酒》这本书中，有不少酒曾经是地方风土的产物，这些酒曾经在各种省级、部级、乃至国家级的酒类评比中获得殊荣，成为人们心目中名酒的代表。可惜的是，在这本书中所列及的不少名酒，历经酒厂的转型与市场经济的冲击，传统不再，特色消亡，最终走向了没落的命运。

保留一段地方名酒的回忆，便是对历史的一份敬意，更是对地域特色的一份认可，谨以此文，献给所有青睐地方名酒文化的朋友们。

第二章

藏酒经验

藏酒经验

　　收藏陈年白酒之乐，可在于投资升值、品鉴回味，也可在于存续历史、感受文化。正是因为藏酒潜在的多元价值与意义，使得陈年白酒收藏近年来成为收藏界的宠儿。尽管在中国，陈年白酒收藏相对国外酒藏起步晚了许多，但这丝毫不妨碍陈年白酒收藏市场迅猛的发展势头。如今，在拍卖市场上，名酒拍卖会层出不穷，国内各家知名的拍卖公司都相继开设了自己的酒类拍卖专场，与字画、古玩等拍卖完全不同的是，酒类拍卖专场公众参与热情极高、拍卖成交率高。此外，在国内众多大型收藏及艺术品网站上，"酒藏"这个在中国尚属最年轻的收藏类别，与书画、瓷器、玉石、青铜器等收藏项目并列，成为收藏之一大项。与陈年白酒相关的鉴定、拍卖、销售类平台网站也相继出现——陈年白酒，逐渐去除了它神秘的面纱。

　　收藏市场的日益壮大，使陈年白酒逐渐进入了公众视野，一时间，林林总总的名优白酒使得有意步入陈年白酒收藏行列的朋友们迷失了方向。在本章，我将在总结多年来藏酒的经验基础上，为您呈现收藏陈年白酒需要注意的多种事项，并期待这些经验之谈能对读者收藏陈年白酒起到有价值的指导作用。

陈年白酒概念辨析

在说到收藏投资陈年白酒之前，我认为，每位读者都应该了解并区分陈年白酒与如今一些厂家主力推出的年份陈酿酒、收藏酒之间的区别。

陈年白酒，俗称"老酒"，指的是早期生产出厂的瓶装白酒，这些白酒留存到现在便变成了地地道道的"老酒"、"古董"。这种带有时间纪录的老酒与酒厂推出的年份白酒（如 20 年、30 年年份酒）有着本质的不同，其最大的不同之处，在于二者出厂的日期。

事实上，年份酒这一概念，在业内并没有行业标准，因此往往被一些厂家用作概念来炒作。由于国家没有出台相应的标准，也没有相应的检测手段，这种类型的白酒，到底有多少年份，到底采用了多少年份原浆配比，这主要取决于企业的良知。如今市场上，各白酒厂家针对年份白酒的宣传有愈演愈烈的态势。《世界名酒》杂志曾刊登了"中国白酒若干悖论批评"一文，对现在的"陈酿"概念进行了严厉的批判，文章举例某酒厂在西北买了数千吨 30 年陈酿。令人啼笑皆非的是，稍有常识的人都应清楚，三十年前中国大部分地区都在计划经济体制下，在这样的环境以及当时定产定销的政策下，能留存下瓶装的白酒尚属不易，根本不可能有大批粮食用来酿数千吨的原酒贮存三十年。因此，我认为，即使有些厂家有幸留下了上了年份的原浆酒，也不过是寥寥数吨，这些珍贵的原酒如今都被用作高级陈味调味酒，用来勾兑最高端酒。这样的高级陈味调味酒，除非酒厂倒闭，否则不会轻易出售。一些真正的上了年份的陈味调味酒，即固态发酵、纯粮酿造的原酒，都被厂家视若珍宝。这些珍贵的"老基酒"，在厂家所谓的"年份陈酿酒"成品中的比例几乎可以用"滴"来计算，根本不可能实现大量地灌装。

当然，不排除有些厂家生产的年份酒确实使用了大量的陈酿基酒，但这样的年份酒价格则非常高昂，令普通民众望而却步。在 2012 年，北京歌德盈香春拍卖会上，一坛 1981 年 5 月封坛的千斤原浆董酒拍出了 609.5 万元的高价，按每斤单价计算高达 6095 元。据说，这个拍卖价格董酒厂尚不满意，认为该价格还没有达到其理想的价位。还有一些酒厂，动辄宣传自己有 50 年老酒，殊不知该酒厂成立的时间也不过 10 余年，怎么可能有 50 年的库存？

相比起市场上的年份酒、纪念酒、收藏酒，陈年白酒更具备历史文化价值，它真实保留了时代的印记，具备陈香醇厚的口感，更能勾起人们的怀旧情结，也更加具备纪念意义和收藏价值。

不过，很多读者会说，现在我们收藏的陈年白酒，也不过是当年生产的新酒保存至今所得。于是，酒的收藏便被赋予了双层含义：其一，如何收藏有历史文化价值的老酒；其二，如何未雨绸缪、使新酒变老酒，在未来的十年、二十年使之具备更高的投资价值。

陈年白酒收藏投资建议

首先，来回答第一个问题："如何收藏有历史文化价值的老酒？"

陈年白酒的收藏价值已毋庸置疑，然而，如何理性地收藏投资陈年白酒，仍然是许多藏友为之困惑的问题。个人认为，每位读者在有意开始陈年白酒收藏之前，都需要明确自己的收藏初衷。

多年的收藏历程中，我接触了很多志同道合的藏友，他们收藏陈年白酒的初衷大体可以分为三类：一是看中了陈年白酒升值潜力，将其作为一种投资产品以此盈利；二是喜欢陈年白酒的传统风味和陈香口感，乐于邀上三五好友，品上几杯老酒；三是青睐中国酒文化，喜欢收藏、把玩、研究陈年白酒，还原一段真实历史。

第一类收藏者：关注陈年白酒的投资升值潜力

尽管陈年白酒收藏进入大众视野不过三四年，却全面体现了当代人的投资性格。投资收藏中国名酒，是许多藏酒人士的首选，因为这些国家名酒市场认知度高，因此具备很高的投资升值潜力。

总体来说陈年白酒的投资市场较为平稳，其趋势通常是稳中有升。在众多白酒品牌中，陈年茅台酒在收藏市场一直领跑，随之带动了酱酒全系列老酒的价格飙升。近年来，酱香型的陈年郎酒、陈年习酒、陈年武陵酒，均有不俗表现，短短数年间，不仅奇货可居，价格更是上涨数倍，令人咋舌。

相比之下，其他品牌、其它香型的陈年白酒以及一些地方名酒，每年在收藏市场的价格则以 20%-50% 的增长速度保持到现在，仅 2020 年，九十年代生产的汾酒便有 35% 的价格增长，九十年代的五粮液价格增幅也达到 30% 左右，如此迅速的增长值反映出陈年白酒投资势头和潜力。

十年前，我曾在文章中说过："作为一个新的收藏类别，陈年白酒在收藏市场尚属年轻，但这并不意味着陈年白酒相比较其他收藏会有丝毫逊色。尽管兴起时间不长，但陈年白酒作为一种"可以喝的古董"，不仅具备醇厚陈香的口感，更具备深厚的文化内涵且有着极其广泛的群众基础，此外，曾经生产这些白酒的厂家如今很多还在延续生产，这意味着投资陈年白酒具有更多的机会和更大的潜力。"这番话放到现在仍然适用，唯一不同的是，陈年白酒不再是冷门的收藏类别，短短的十余年间，它已成为被广泛认知的收藏类别，其投资价值和升值空间得到了消费者的广泛认同。

第二类收藏者：钟爱陈年白酒口感

相比较投资陈年白酒的藏友而言，有许多藏友收藏陈年白酒的目的则单纯得多——自己喝。喝陈年白酒的人是幸福的。许多陈年老酒如今已是琼浆玉液：那个时代的水是纯净的，粮食也是无污染的，再加上酿酒者朴实的心，酿出的好酒在如今喝起来是一种感官和心灵的极致享受。老酒的陈味，经过市场十余年来的培养，逐渐为人们所接受，它们的饮用价值已经得到了广泛的认可。

值得一提的是，很多早期的陈年白酒，由于当时生产时坚持纯粮酿造，加上储藏年份长，如今这些酒都被酒厂用作陈味调味酒，这些陈味调味酒可以称得上是酒厂高端年份酒的酒魂。这些陈年白酒，储藏时间越长，陈味越重，价值越高。事实上，"陈味"是酒中所有味道中最昂贵、也是最不可多得的一种。许多人之所以爱上老酒的口感，就是因为独爱这种老酒的陈味。许多藏友在喝惯了陈年白酒后，再品尝市场上所售新酒，会感觉新酒口感大大不如老酒，这实际上就是陈味在其中发挥了很大的作用。

近些年，我接触了各行各业、各个年龄阶段的藏酒爱好者，对于他们而言，陈年白酒收藏的吸引力是无穷的，在这样一个收藏群体，没有高低贵贱、没有阶层身份之分，小酌一杯老酒便可以拉近彼此的距离，让大家敞开胸怀分享彼此在藏酒之路上的快乐。

不过在品老酒方面，很多朋友也进入了一个误区。大多数人认为，老酒越老越好喝，而根据我的亲身体会，15-20 年的老酒口感则更为适宜（酱香型的酒时间还可更长些）。我曾经喝过民国时期的高粱烧酒，其从口感的角度反而比不上 20 年左右的老酒。因此，单纯从饮用的角度来说，时间并非评判品质的唯一标准。

此外，还有不少朋友认为，八九十年代的陈年白酒，只有中国名酒才真正好喝，我认为这种观点是片面的。诚然，中国名酒的品质更为稳定，是收藏的最佳选择。不过，中国的白酒生产从来依靠的不是高科技，中国的白酒追本溯源就是有着文化传承和历史传统的地方土特产。早期坚持纯粮生产的厂家，不论大小，都能够凭着一颗真诚之心酿出真正的好酒。因此，白酒之品质，不在乎酒厂之大小，在乎酿酒者之用心。在早期，尤其是八、九十年代，很多酒厂所生产的白酒，尽管称不上名酒，但这些酒厂却大都在认真酿酒，坚持纯粮酿酒、固态发酵，由它们精酿之酒，充满地方特色，非常值得品鉴与收藏。

第三类藏友：关注中国酒文化

当然，也有许多进入陈年白酒收藏领域的藏友，并非一味在陈年白酒身上寻找其作为投资产品的升值价值，也有些藏友尽管收藏陈年白酒，却滴酒不沾。这种类型的藏友因为青睐中国酒文化而进入陈年白酒收藏领域，希望通过物质层面的酒文化表现如陈年白酒、酒标、酒器、酒文书、酒史资料等还原中国文化的真实古远的一面。中国的酒文化代表中国精神，作为中国文化的一个非常重要的类别，它深深地渗透进入了每一位国人心中：酒诗词、酒礼、酒俗、酒风气——这些精神层面的中国酒文化代表与物质层面的中国酒文化收藏相互融合在一起，共同构建了气势磅礴的中国酒文化。收藏陈年白酒，更多的是收藏一段逝去的历史、收藏宝贵的文化片段。

同样是中国文化收藏，陈年白酒收藏较之其他古董收藏门槛要低得多。相比青铜器、玉器、瓷器、名人字画等这些大都为权贵阶级珍爱的收藏类别，白酒，作为人人都可以接触到的消费品，显得则更为亲切。一瓶老酒，从其瓶型、瓶标、封口均能显现出它的时代特征，收藏老酒，是对历史、文化的一种回应。对于青睐老酒文化的朋友而言，收藏更是一种使命和责任。

总结了陈年白酒收藏人群的三种类别，我想，大部分藏友们也已经对自己的收藏初衷可以作出判断了。当然，这种分类不是绝对的，有很多藏友收藏白酒掺杂了这其中的多项因素，甚至三者都兼而有之，这也是我收藏陈年白酒十年来所最感欣慰的，能够在生活中遇见志同道合之人，大家交流对陈年白酒收藏的经验，分享彼此的心得，是一大乐事。

尽管各人收藏陈年白酒初衷复杂，为示区分，我还是将其分为三类。针对这三类不同初衷的人群，我个人给出投资收藏陈年白酒如下建议。

针对第一类藏友，由于他们关注更多的是陈年白酒的投资升值潜力，我建议他们选择升值潜力比较大且比较容易转卖的陈年白酒：

（1）九十年代的名酒：这类白酒的市场认知度高，属于市场上陈年白酒的主力消费品，其数量减少速度很快，升值潜力大。

（2）九十年代的地方酒：这种类型的白酒市场上较为常见，在一些地方上很有市场，颇受欢迎；如湖北的白云边、江西的四特等。

（3）上升品牌的次新酒（有关次新酒的投资，在下文中将专门提及）。

针对第二类藏友，喜欢喝上几杯老酒，钟爱老酒的陈味醇厚的，我认为，那些藏品级的名酒以及七八十年代的地方名酒我个人建议不作为喝品，这样的酒有可能在市场上已成为孤品，喝了简直是暴殄天物，可以选择一些性价比高适合喝的陈年白酒：

（1）2000年左右的名酒：这种类型的白酒口感好，市场还有一定的量，不过这种类型的白酒消费量大，所以减少得也较快，同样可以用来收藏投资。

（2）2000年左右的地方名酒：这种类型的白酒性价比高，纯粮酿造、口感醇厚，价格不高，带有浓郁的地方特色。

（3）优质的次新酒。

事实上，究其本质，真正好喝的老酒，升值起来也是很快的。有些精明的藏友，往往会购买大批量的性价比高的喝品级陈年白酒，这些老酒如果口感佳、陈味足、味醇厚，那么便升值潜力巨大，如此一来，喝品又变成了藏品。

针对第三类藏友，他们钟情酒文化，喜爱研究酒文化，善于发掘陈年白酒背后的历史价值和文化价值，我建议他们可以在收藏陈年白酒之前，先做好一定的功课，首先粗略了解一下中国酒文化和地方文化，找到自己感兴趣的收藏方向。这些收藏方向可以是：

（1）收藏本地陈年白酒的，根据当地酒的种类——收全；

（2）收藏中国名酒，如历届评酒会上获得"中国名酒"称号的陈年白酒，每一种名酒在各个年代收集齐全；

（3）收藏国优酒、商业部优质酒、轻工部优质酒；

（4）收藏瓷瓶的陈年白酒；

（5）固定收藏某几个厂家的陈年白酒；

（6）收藏出口酒；

（7）分香型收藏陈年白酒；

（8）收藏某个特定时间段的陈年白酒。

值得注意的是，无论出于什么目的收藏陈年白酒，都需要关注如下因素，这些因素我在上一本书中详细谈到，这里简要概述一下：

首先，收藏陈年白酒，需要关注其品质。建议收藏传统工艺酿制的陈年白酒，这种白酒遵循传统，纯粮酿造，不添加添加剂和食用酒精。

其次，收藏陈年白酒，需要关注其度数。陈年白酒收藏界通常认为，度数越高的白酒，变质的可能性越小，因此，同类品牌在同时间段推出的不同系列的白酒，度数越高的白酒系列越具收藏价值。收藏陈年白酒其度数应以 45 度以上为佳，52 度 ~ 65 度之间为最佳度数。因为陈年白酒经过多年储存，自然老熟，随时间延长，酒精与水分子之间逐渐构成大的分子缔合群，酒精分子受到束缚，活性减少等，口感上也会同样减少度数，不刺激。低度白酒由于酒精度低，酒中的其他成分很容易随着时间推移发生变化，有酸味，这样的白酒则不可直接饮用，饮用价值不大，但依然具备文化收藏价值。

第三，收藏陈年白酒，需要关注其年份。总体说来，90 年代中期之前的酒文化收藏价值更高，其主要的收藏依据是瓶中酒已不可复制。90 年代中后期，随着信息化时代的变迁以及环境的日益变化，原料、水、制曲工艺、发酵酿酒工艺、操作、窖池结构、生产环境、贮存时间、贮存容器等因素逐渐发生变化。因此，倘若从历史回忆的角度来收藏老酒，建议收藏九十年代中期以前的老酒。

新酒、次新酒投资收藏建议

一直以来，老酒圈都热衷于收藏上世纪八九十年代的酒，那时我国工业化程度较低，大部分酒采用传统工艺，酿酒的原料往往依托当地种粮特色而就地取材，品质很好，尤具地方特色。这些酒经过几十年陈贮之后，口感更上一层楼、文化收藏价值更是与日俱增！随着近年来老酒收藏的蓬勃发展，这一类产品或被收藏家视为珍品，或被嗜酒之徒一瓶瓶喝掉。它们价高难求，动辄成千，令普通消费者望酒兴叹。

上了年份的老酒越来越稀缺，价格也是水涨船高，如何下手收藏？有懂酒的高手想到，收藏一些新酒或者年代较近的酒，然后再存上几年，口感不也是会上一层楼吗？

在这样的理念之下，"次新酒"的投资概念便孕育而生。理论上来说，一瓶酒生产出来的若干年后，便不再是严格意义的新酒，它此时有了一定的"人生阅历"，但距离历久弥香的陈年老酒仍有一段差距，因而便有"次新酒"这一说法。

次新酒的年份没有严格的界限，很多老酒藏家认为好的次新酒就是收藏级老酒的初级版本。茅台次新酒，便是最好一证——2021 年到了，2020 年、2019 年、2018 年的茅台便成了次新酒，价格由此水涨船高。相比较动辄 20 年、30 年的老茅台，次新茅台酒是近几年价格波动最大的品类，这些次新茅台，哪怕只存放个两三年，酒体品质也会发生奇妙的变化，变得更为醇厚，此外，对于高端消费人群而言，每年数百元的价格涨幅仍在可接受范围，因此颇受青睐。

然而，无论是次新酒还是新酒，均并非天生都具备茅台的升值潜力和投资基因。不仅如此，很多次新酒、新酒的投资是风险重重、套路多多。囿于篇幅，我总结如下要点以示读者：

其一，有品质风险的新酒、次新酒，不具备投资价值。2000 年左右，白酒市场充斥着大量的酒精勾兑酒，原本几块钱十几块钱的酒体，加上精美的包装盒，就可以卖到几百块。这种以次充好的套路模式一直延续至今。所以，请大家切记，收藏次新酒、新酒的前提是品质。

其二，收藏次新酒，需要关注产品降级问题。很多人不知道的是，2000 年左右，国内大多数名酒厂对产品体系进行了优化升级。如泸州老窖特曲更名为国窖 1573，随着该酒品牌的升级、高端系列的推出，曾经是主导主流产品的泸州老窖特曲则降了等级、酒的生产工艺、选用的酒体都发生了变化！换句话说，包装还是那个包装，但该酒在品牌体系中档次降级。不过，降级并非意味着该酒没有升值潜力，相反，由于档次降级，价格却能保持亲民的态势，只要在酒的品质能得到保证的前提下，这样的次新酒反而具备增值潜力，玻汾便是最好一证，是次新酒投资的常青树。值得一提的是，有些酒不仅产品降级，品质更是一降再降，曾经的主流产品降级为酒精勾兑产品，这种降级的酒，不值得收藏。

其三，收藏次新酒，以 45 度以上、10 年左右年份为佳，需要了解该品牌在白酒市场的上升潜力、该酒的工艺特色、酒的品质以及该酒当年的市场定位。通过这几个考量标准，最终可以确定该酒是否具备投资价值（该标准同样适用于新酒投资）。

陈年白酒的真假鉴别

收藏界有句话：不怕老酒贵，就怕老酒假。想要进入陈年白酒收藏领域的收藏者，必须要经过的一道坎便是对陈年白酒的真假要形成一定的鉴别能力。费尽心力淘到一瓶好酒，却最终发现该酒为假酒，怎一个愁字了得！因此，鉴别真假成为近年来藏友们最为关注的问题。无奈陈年白酒收藏起步较晚，在鉴别真假方面还未形成普遍的认知，所以也尚未形成统一的鉴别标准，这便非常考验收藏者们的鉴别经验。本人自 21 世纪初进入陈年白酒收藏领域以来，也会出现看走眼的时候，因此，也交了不少学费，但也同时获得了不少对陈年白酒鉴别的认识，现在将这些经验写出以飨读者，希望为大家收藏白酒提供一些有益的参考。

从大的方向来说，相对玉器、瓷器、字画等需要非常专业的行家鉴定经验的古董类别而言，酒的鉴定应该是更容易的。由于陈年白酒收藏起步较晚，很多陈年白酒的价格还不高，利润空间并不大，因此，在市场上出现假货的情况并不太多，且由于受到设备局限，造假者们采用的造假手段并不高明，因此总体而言比较容易鉴别。

为示区分，我将如今陈年白酒收藏市场上的假酒分为两种：一为**老假酒**，二为**假老酒**。懂得先区分好假酒是哪一种，将为陈年白酒的鉴别奠定良好的基础。

说明：图左为老假董酒的图片，图右为该款董酒的真假酒对比，其中右图中，左边酒为老假酒、右边酒为真酒。通过真假对比，主要看该酒标的印刷清晰度，酒瓶的质感以及封口封膜等情况。

"老假酒"为早期生产的假冒产品留存到现在，酒液为老酒，但并非真老酒而是假老酒；瓶为老瓶，但是假老瓶；因此，从外观到内在尽管都有一定的年份，但本质为假酒。

"假老酒"即现在造的仿旧的假酒，酒为新酒，瓶为新瓶，通过人为做旧的方式作假，以此掩人耳目。

假老酒 1：人民公社酒　　　　　　　　　假老酒 2：茅浆窖（棉纸包装、正面图、背面图）

我们从老假酒开始说起，老假酒最早的出现，应该在80年代中期左右。其造假对象最早是从茅台开始，这一点可以从当年的一些报道可以得知。由于茅台一直以来就以价格高昂而为世人所知，因此追求其高昂利润成为当时造假的最大动力。但其他品牌的白酒相比较而言，则在80年代造假的情况就不常见。

在90年代，茅台、五粮液、汾酒、剑南春和郎酒这五种中国名酒开始出现大量的假酒，此外，包括一些地方名酒也开始出现大量价值低廉的假货。在这个年代，全国各地都出现了各品牌各种类型的假酒，这些假酒留存到现在，便变成了名符其实的老假酒。

鉴定老假酒并不复杂，只要手头有真酒，或接触多次真酒，那真假对比就很明显了。以当年真假酒进行对比为例，当时造假的水平和造假工具不先进，在印盒、造瓶、印标、压口、封口都留下了很多明显不足。例如，箱子印刷明显色彩不对；酒标无凹凸感且色彩不对；封口不规整，为明显手工而非机械成型；包装盒印刷较差，有时候对比字体的清晰度可以一眼看出来。

现在讲一讲假老酒，即现在造的仿旧的酒。造假者以现在的设备去造当年的酒，因此在造瓶、印标、封口等工艺这一方面很难去鉴别，因此，鉴别假老酒的关键是看造假者仿旧的水平如何。

真假对比剑南春（左为假、右为真）

真假对比1—旋盖光泽度对比（左为假，右为真）

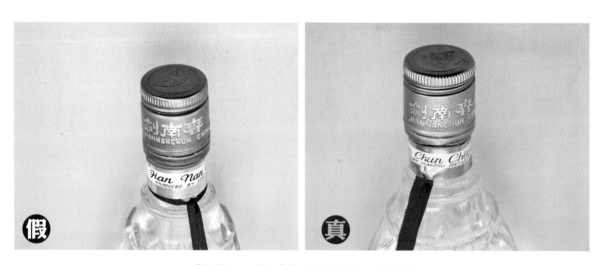

真假对比2—封口字体对比（左为假，右为真）

真假对比3—瓶身对比（左为假、右为真）

酒的做旧主要分如下几种：

第一，箱子做旧。现在大部分一眼看出来是外旧内新。

第二，酒盒做旧。存放了几十年的酒盒和故意做旧的新酒盒有明显的区别，可以说，在这方面造假者手段并不高明，至今为止这种类型的做旧我还没有见过真正能做好的。藏友可以观察酒盒内因多年存放白酒挥发而留下的酒渍以及霉点。

第三，酒标做旧。作假者大多将酒标用有色液体泡一泡，这与自然陈旧的酒标有明显不同。

综合上面几点，只要用心多看，很容易就找到它的问题。对于没有鉴别经验收藏初学者，我建议可先加入当地协会和群体，多看和多对比其他藏友手中的真品，则很容易得到鉴别能力的提高。此外，还可以在一些网站上多看真假鉴别的帖，学习一段时间后，必定能获得不少真知见解。

真假对比绵竹大曲4（左为老假酒、右为真酒）

提醒大家注意的是，如今陈年白酒市场上出现一些广东造的假老酒。这些假老酒通常为了保证口感舒适，会在流向市场前存放几年，其做旧达到了一定的水平，鉴别此种老酒对于一般的收藏者而言需要花费一定的功夫。不过这种货一般走的是批量销售的路线，因此，在购买大批量该种酒之前完全可以开瓶品尝，品陈味、香型、口感。

除了老假酒和假老酒这两种假酒，还有一种情况是利用真酒或真酒瓶造假。这种造假方式通常较为高明，需要收藏者细心观察，其造假的手段主要有：打孔、后封膜、换标。

这三种造假方式主要运用于茅台酒和一些高端藏品级白酒之上，要识别需要一定的功力和经验。

首先谈谈打孔。打孔即在瓶子上钻孔，然后注入酒，增加酒的重量，或者换酒。这种手段主要出现在茅台酒上。打孔的地方主要在一些不明显看到的地方，例如：酒标后、飘带下、盖顶和盖侧面等。这些地方由于位置不明显，通常容易被收藏者疏忽。

造假者为什么要打孔？主要是因为陈年白酒在存放的过程中有很多由于当时封口不够严实、保存条件不够好，因此，瓶中酒挥发了不少。陈年白酒的重量是决定其价格高低的主要因素。重量轻了则卖不到好价，所以造假者便想到通过打孔的方法以此增加酒的重量，卖个好价格。

如何防范打孔的假酒？这还是需要买家细心：首先，可以看标有没有被揭开过，如果酒标有被揭过的痕迹，那么藏友也可以轻轻揭开看一看；其次，注意看飘带后、盖的周边，随身带着强光手电照一照，细细看。打孔由于对技术要求挺高，因此通常用于价格昂贵的老酒之上，总体而言，打孔的假酒出现的情况并不多。我曾问过几个从事大批量的老酒买卖的商家，他们对打孔假酒观察非常仔细，且都认为打孔酒在市场所占比例极少。因此，藏友们只需稍稍细心，便可降低买到打孔酒的几率。

其次，谈谈后封膜。陈年老酒，尤其是七八十年代有大部分为一些封口为塑料盖的白酒，当时的厂家在生产的最后工序便是给封口封上一层塑封膜密封，以保证酒瓶里的酒不溢出、不被动手脚。这一层塑封膜是该酒的原始封膜，但由于时间的流逝以及保存环境的局限，这一层原始封膜很容易开裂、变脆、容易碎和脱落。这样一瓶没膜的陈年白酒在出售时价钱则大打折扣。如此一来，后封膜造假工艺便应运而生了。

造假者们的想法很简单—为膜脱落的陈年白酒再封上一层膜，这样，保持了该酒的原始样貌，外形上也变得完整。辨别后封膜陈年白酒主要需要购买者的敏感度以及心细。首先可以看看塑封膜与酒外观的整体感觉是否协调；其次，看塑封膜有没有历史痕迹和自然的包浆；最后还可以看看酒由于年代久远而挥发，在封膜上留下酒渍痕迹。后封膜酒相比较假老酒、老假酒以及打孔酒，则更具有价值，个人认为，如果能保证瓶中的酒是原酒，瓶是原瓶，价钱合理的话，即使是后封膜，我也觉得可以购买。我偶尔会买一些后封膜，但里面是原酒的非常稀缺的酒，这种类型的酒有些可能在全国已经所剩无几了，因此即使是后封膜，也很有纪念意义和收藏价值。后封膜的酒一旦能鉴别出来，可和卖家就此议价，价格便会有很大的优惠。后封膜酒出现的品种主要有老五粮液、泸州老窖、红城董等。

最后谈谈换标酒。许多陈年白酒受到岁月流逝以及储存环境的影响，原来的酒标签或破损或脱落遗失，影响了该酒的收藏价值。于是就有人为这些没有瓶标的酒重新贴上一张标，以期能将酒卖个好价格。换标酒有几种情况：老酒贴原标、老酒贴其他酒的老标。这里主要谈的是老酒贴其他酒的酒标，由于换标酒可以谋取暴利，所以造假者一般会贴年代较早的酒标。

我曾经参加过一次大型拍卖会，该拍卖会展拍了一瓶20世纪30年代的赖茅，瓶子是老的，但酒标看起来非常新。许多藏友认定该酒为真品，我对此表示不赞同。由于该酒重量已经减少不少，酒液减少，但标却仍然崭新，没有酒渍。经过近百年、几代人的保存，在没有箱子、没有盒子的保存条件下，作为一种偶然无意留下来的消费品还能保持如此品相，实在令人难以信服。因此我当时笑称，这瓶"珍贵"的赖茅应该是生产出来就放在某一特殊地方，等着八十年后来拍卖的。

鉴别换标酒最便捷的方法是：看标与瓶结合处自然包浆和标的自然老化程度。有一些换标酒，用五六十年代的酒标换在七八十年代的酒瓶上。这个需要买家有一定的收藏经验，因为每个时代白酒的主流瓶型、封口、标都有它当年的时代特征。

此外，如前面提到的，老酒收藏还涉及鉴别老酒酒液。如果遇到大批量陈年白酒的情况，可以开瓶品尝，这时可以通过以下方式进行鉴别：

首先，闻其香。陈年老酒经过封存放置多年后，会产生酒中一种最为昂贵的香气，即"陈味"。很多大酒厂生产的高端年份酒都会添加一些陈味调味酒，这些陈味调味酒价格高昂，且千金难求，是酒厂的宝贝。造假者不会在假酒中加入这种调味酒。因此，许多有经验的藏友，一闻酒香，便可知这酒是否为陈年白酒。

其次，品其味。陈年白酒绵软不辛辣、入口柔和带有浓郁的酒香，舌感有酒香的醇香，却没有辛辣感。

最后，饮后感。老酒之老，体现在其香味口感的传统特性，它们陈味持久、酒香优雅、舒适谐调，由于是纯粮酿制，饮后不上头；而新酒中含有较多低沸点物质，加之很多现在出厂的酒或多或少都添加了食用酒精及添加剂进行勾兑，喝过后容易上头。

老酒的陈味、优雅的香气、醇厚的口感、不刺喉的感觉、美好的回味，将之与新酒明显地区分了开来。即使不常喝老酒的人，也能很容易分辨出老酒与新酒在口感上的不同。

总而言之，老酒的真假鉴别虽然没有统一的严格标准，但是仍然可以从外观、口感等方面进行综合的判断，最关键还是需要收藏者们的细心观察、用心鉴别。老酒收藏由于刚刚起步，现在整体价格还并不高，且现在市场上并未出现假酒泛滥的情况，即使出现，如果稍稍细致一些，也是完全可以鉴别出来的。不过在这里提醒有意购买精品级老酒的收藏者，动辄几千上万一瓶的精品陈年白酒，需要谨慎鉴别，最好有行家指点。

曾品堂老酒博物馆，被誉为"中国酒文化的故宫博物院"
展馆面积4500平方米，馆藏11000余种老酒，万余件酒文化藏品
其藏品数量、藏品种类、藏品稀缺度及专业度在全国名列前茅

爱酒之人 一

中国老酒博物馆
CHINA AGED LIQUOR MUSEUM

必来的地方

镇馆之宝
民国·【永利威】牌
玫瑰露酒

"永利威"玫瑰露酒是中国最早的出口酒之一。2018年9月，同时期生产的姊妹版"永利威"汾酒拍出865.3万元，载入老酒拍卖史册。

镇馆之宝
民国·同仁堂
虎 骨 药 酒

公元1669年乐显扬始创同仁堂药室，自1723年开始供奉御药，历经八代皇帝188年。虎骨酒工艺要求极高，147味中药材经几十道工序精心制成中药丸剂在进行炮制。民国时期的同仁堂虎骨酒以锡盒为包装，内附文字解说，稀缺珍贵，为老酒中的顶级收藏。

虎骨酒说明书

后 记

　　如果把每一瓶陈年白酒看作是一种艺术品，那么在这个看似朴素无华的艺术品背后，体现的则不仅仅是一瓶酒，而是一瓶大自然、酿造工艺、白酒文化以及历史人文的结晶。也正是陈年白酒的这种人文、观赏以及品鉴的价值，引得无数藏友挚爱，也使陈年白酒收藏成为一大热门。

　　从地方名酒的历史追溯、藏品展示，到藏酒之乐的呈现以及藏酒知识的分享，本书的论述告一段落。落笔之时，我仍感意犹未尽。的确，地方名酒远非这四十余种能尽数，藏品之乐也远非仅限本书之探讨，而藏酒知识则还可深入挖掘。我由衷地希望，有更多的读者能关注到陈年白酒这个方兴未艾的收藏类别，有更多的读者能参与到陈年白酒文化的收集、研究与探讨的行动之中。

曾宇

微信公众号：陈香老酒

图书在版编目（CIP）数据

中国地方名酒收藏投资指南 / 曾宇著 . —— 南昌：
江西科学技术出版社，2012.11（2021.9 重印）
ISBN 978-7-5390-4618-1

Ⅰ . ①中… Ⅱ . ①曾… Ⅲ . ①白酒 – 品鉴 – 中国 – 指
南②白酒 – 收藏 – 中国 – 指南 Ⅳ . ① TS262.3-62
② G894-62

中国版本图书馆 CIP 数据核字 (2012) 第 253817 号

国际互联网（Internet）地址：http://www.jxkjcbs.com
选题序号：ZK2012108   图书代码：D12067-103

监   制 / 黄利　万夏
项目创意 / 设计制作 / 紫图图书 ZITO®
责任编辑 / 魏栋伟
特约编辑 / 路思维
营销支持 / 曹莉丽
纠错热线 / 010-64360026-103

中国地方名酒收藏投资指南
曾宇 / 著

出版发行	江西科学技术出版社	
社　　址	南昌市蓼洲街 2 号附 1 号　邮编 330009	
	电话：(0791) 86623491　86639342 (传真)	
印　　刷	天津联城印刷有限公司	
经　　销	各地新华书店	
开　　本	889 毫米 ×1194 毫米　1/16	
印　　张	19.5	
字　　数	150 千字	
版　　次	2012 年 11 月第 1 版　2021 年 9 月第 3 次印刷	
书　　号	ISBN 978-7-5390-4618-1	
定　　价	129.00 元	

赣版权登字 -03-2012-111　　版权所有　侵权必究
（赣科版图书凡属印装错误，可向承印厂调换）